海战顶级武器

陈泽安／编著

海豚出版社
DOLPHIN BOOKS
CICG 中国国际传播集团

前　言

　　海战武器，是指具有武器装备，能在海洋执行作战任务的海军船只，依其使命分为战列舰、航空母舰、巡洋舰、驱逐舰、护卫舰（艇）、两栖登陆舰（艇）、潜艇等。

　　战列舰是指具有厚装甲和大口径主炮的大型军舰，是庞大和复杂的武器系统之一。战列舰曾经是国家海军力量的标志，因此常被作为主力舰。航空母舰的主要任务是以其舰载机编队，夺取海战区的制空权和制海权，有攻击型航空母舰和反潜航空母舰、核动力航空母舰和常规动力航空母舰之分。巡洋舰具有多种作战能力，是海军远洋作战的主要舰种之一，分为轻型导弹巡洋舰和重型导弹巡洋舰；又可分为常规动力巡洋舰和核动力巡洋舰。驱逐舰是以导弹、鱼雷、舰炮为主要武器，具有多种作战能力的中型水面战斗舰只。护卫舰（艇）是一种以武器、舰炮、导弹为主要武器的轻型军舰（艇），用于执行护航、反潜、警戒等战斗性任务。两栖登陆舰（艇）是指在实施登陆作战时，负责将登陆兵力、武器装备、军用物资等迅速输送到登陆地点以保障登陆作战成功的舰艇。潜艇的功能包括攻击敌人军舰或潜艇、近岸保护、突破封锁、侦察和掩护特种部队行动等，分为常规动力潜艇和核潜艇；又可分为战略潜艇、攻击型潜艇和辅助潜艇（特种潜艇）。

　　本书选取近百种著名海战武器，以图文并茂的形式呈现在读者面前，展现精彩纷呈的海战武器知识。

目 录

● 战列舰

● 巡洋舰

● 航空母舰

战列舰

　　1906 年 2 月，英国"无畏"号战列舰下水，这是第一艘真正意义上的现代化战列舰，具有里程碑意义。该舰引起了其他国家的竞相仿造。

　　一战中，战列舰出尽风头，在日德兰海战中，战列舰的航速和火炮成为杀伤对方和夺取海战胜利的关键性因素。一战后，许多国家认为，战列舰是海战第一利刃，因此，各国大力建造此种船坚炮巨的"海上堡垒"。

　　从 1922 年到 1936 年年底，由于《华盛顿海军条约》的签订，各国大型战列舰建造计划被终止，当时出名的先进战列舰共有 7 艘，分别是美国的科罗拉多级战列舰 3 艘，日本的长门级战列舰 2 艘，英国的纳尔逊级战列舰 2 艘。

　　1936 年 12 月，各海军强国重启战列舰的建造计划。英国皇家海军建造了 5 艘乔治五世级战列舰；美国海军建造了 2 艘北卡罗来纳级战列舰、4 艘南达科他级战列舰、4 艘依阿华级战列舰；意大利海军建造了 3 艘维内托级战列舰；法国海军建造了 2 艘黎塞留级战列舰；德国海军建造了 2 艘俾斯麦级战列舰；日本海军建成了 2 艘大和级战列舰。

　　航空母舰的出现，极大削弱了战列舰的生存空间，于是战列舰逐渐淡出历史舞台，1992 年 3 月 31 日，最后一艘战列舰"密苏里"号退出现役。

"胡德"号战列巡洋舰（英国）

■ 简要介绍

　　"胡德"号是英国皇家海军建造的战列巡洋舰。在一战期间的 1915 年，英国皇家海军获悉，德国在建马肯森级战列巡洋舰，于是在 1916 年开工建造 4 艘战列巡洋舰。鉴于当时新建的伊丽莎白女王级战列舰航速已达到 25 节，所以新的战列巡洋舰航速要求超过 30 节。

　　"胡德"号于 1916 年 5 月 31 日铺设龙骨，同一天日德兰海战爆发，海战中英方 3 艘战列巡洋舰被击沉，于是英国暂停建造"胡德"号，转而研究防爆燃措施，以及缩短弹药装填时间的问题。

　　1916 年 9 月 1 日，"胡德"号在约翰·布朗造船公司再次开工，其他 3 艘同型舰也陆续开始建造。因为德国战列巡洋舰建造停滞，1917 年 3 月英国也停建 3 艘同型舰，只留下建造进度较快的"胡德"号继续建造。1918 年 8 月 22 日"胡德"号下水，1920 年 5 月 5 日完工服役，成为胡德级（或称海军上将级）战列巡洋舰唯一完工的一艘。"胡德"号服役时标准排水量达 41785 吨。

基本参数	
舰长	262.3米
舰宽	31.7米
吃水	10.2米
排水量	42037吨（标准） 48000吨（满载）
航速	32.07节
续航力	5950海里/18节
舰员编制	1341人
动力系统	24台锅炉 4台汽轮机

■ 性能特点

　　"胡德"号战列巡洋舰建成时，拥有 4 门双联装 381 毫米主炮和 31 节的航速，被视为英国皇家海军的骄傲。"胡德"号后来多次进行改装，在 1940 年 3 月再次进行现代化改装，拆除两舷 12 门副炮和水下防雷装甲设施，加装了 7 座双联装 102 毫米口径高射炮、3 座八联装 40 毫米口径"砰砰"炮，以及新设计的 5 座 76 毫米口径 U.P 火箭发射器。

▲ "胡德"号战列巡洋舰

相关链接 >>

　　"胡德"号舰名出自 18 世纪英国海军上将塞缪尔·胡德。声名显赫的胡德家族在英国皇家海军历史上出过多位战功赫赫的将军，晋升为海军上将的包括塞缪尔的兄弟亚历山大·胡德(1726~1816 年)以及其侄儿小塞缪尔·胡德(1762~1814 年)。因以英国海军历史上的上将命名，所以"胡德"号也被人称为海军上将级。

乔治五世级战列舰（英国）

简要介绍

乔治五世级战列舰，是 20 世纪 30 年代末期英国建造的一级战列舰。该舰是英国皇家海军为适应 1936 年签订的"第二次伦敦海军条约"而设计的，是典型的条约型战列舰。

当时，英国尚未从经济危机的沉重打击下恢复，工业生产能力剧减，造船工人大量流失，因此在条约谈判期间，英国皇家海军主张减小新建战列舰的排水量和缩小主炮口径，英国海军为新的战列舰选定了 356 毫米主炮，以求乔治五世级战列舰能够尽快服役。

乔治五世级战列舰共有 5 艘，为"乔治五世国王"号、"威尔士亲王"号、"约克公爵"号、"安森"号、"豪"号。由于皇家海军坚持要求，新造 356 毫米主炮威力必须超越效能不佳的旧 406 毫米主炮，因此研发颇费时日，直到 1940 年，乔治五世级战列舰才开始服役。

乔治五世级战列舰的主副炮、火控雷达和电子设备的性能要高于意大利、法国和日本的战列舰。在击沉"沙恩霍斯特"号战列巡洋舰的战斗中，该级"约克公爵"号的雷达优势尽显无遗。

基本参数	
舰长	227米
舰宽	34.2米
吃水	8.5米
排水量	35000吨（标准） 44650吨（满载）
航速	29节
续航力	15000海里 / 10节 6300海里 / 27节
舰员编制	1530~1900人
动力系统	4台齿轮传动式涡轮机 8台三锅筒式水管锅炉

性能特点

乔治五世级战列舰装备了性能优异的 133 毫米高平两用炮弹，丸重、初速快、射程远、破坏力强，相比日本的 127 毫米 / 40 倍径高炮、德国的 105 毫米 / 65 倍径高炮、意大利的 90 毫米高炮等产品，无论对海、对空或在射程和威力方面，都显示出巨大的优势。另外，该级战列舰配有英制 40.5 毫米口径两磅小高炮，采用八联装安装，射速可达每分钟 300 发，是当时各国防空武器中火力猛烈的新锐力量。

▲ 乔治五世级战列舰

相关链接 >>

　　1941 年 8 月，乔治五世级战列舰中的"威尔士亲王"号，运载首相丘吉尔出访美国，签署了著名的《大西洋宪章》。同年 5 月 27 日，"乔治五世国王"号与"罗德尼"号战列舰，联手击沉了德国海军最强大的"俾斯麦"号战列舰。1943 年 12 月 26 日，"约克公爵"号则在北极航线护航作战中，率 3 艘巡洋舰、8 艘驱逐舰搜索并击沉了德国海军"沙恩霍斯特"号战列巡洋舰。

前卫级战列舰（英国）

■ 简要介绍

英国的前卫级战列舰在当时以速度闻名。1936 年年底，"第一次伦敦海军条约"失效，海军编制进入无条约时代。此时英国皇家海军预计将舰队战列舰总数扩增至 20 艘，但相较于德国俾斯麦级战列舰的 2 号舰"提尔皮茨"号战列舰，即使是新造的乔治五世级战列舰，单舰战力上仍不尽如人意。而能应对此局面的狮级战列舰在 1939 年才动工，完工要到 1943 年，因而英军试图谋求更速成的途径。1939 年 7 月，新舰设计基本确定；1940 年 5 月定名为前卫级。这个计划引起了时任海军大臣的温斯顿·丘吉尔的巨大兴趣，他将这个拥有快速优点的新舰型热情称呼为"战列巡洋舰"。

第一艘前卫级战列舰"前卫"号于 1941 年 10 月开工，但随着美国新式战列舰加入大西洋战局，英国皇家海军对前卫级战列舰的需求不再紧迫，资源向更紧缺的舰种倾斜，"前卫"号成为食之无味、弃之可惜的鸡肋。而随着法国"黎塞留"号加入战局，英国需要一艘大型战列舰保住自己欧洲第一的地位，因此又加快了前卫级战列舰的建造。"前卫"号于 1946 年服役，1949 年改为训练舰，并一度作为皇室邮船，1954 年退役，1960 年拆毁。

基本参数	
舰长	248.2米
舰宽	32.9米
吃水	11米
排水量	45200吨（标准） 52250吨（满载）
航速	30节
续航力	8250海里 / 15节
舰员编制	112人
动力系统	8台锅炉 4台汽轮机

■ 性能特点

前卫级战列舰的主炮是其强大的火力支柱之一。这些经过现代化改造和升级的主炮在射程、穿甲能力、射击精度和稳定性等方面都表现出了卓越的性能，具有强大的战斗力。

相关链接 >>

前卫级战列舰的防护设计较乔治五世级战列舰有所改进，根据实战经验改进了舰体水密隔舱结构；重新设计了舰艏舷弧，舰艏干舷提高，增设防浪板，提高了在恶劣海况下的航海性能；舰艉采用方形艉，提高了推进效率。除对空、对海搜索雷达外，主、副炮还装备了火控雷达，各种口径的防空火炮也装备了炮瞄雷达。

▲ "前卫"号战列舰

北卡罗来纳级战列舰 （美国）

■ 简要介绍

北卡罗来纳级战列舰，是 20 世纪前期美国建造的第一种快速战列舰。

20 世纪 30 年代中期，美国海军考虑到其在亚洲和欧洲的潜在敌国日本和德国正在积极扩军备战，于是根据英、美、法三国签订的"第二次伦敦海军条约"，在 1936 年 6 月 3 日，由美国国会批准建造 2 艘北卡罗来纳级战列舰。

1937 年 10 月，"北卡罗来纳"号战列舰在纽约海军船厂开工，1941 年 4 月服役。

当时，美国海军在《华盛顿海军条约》期间积累的大量技术成果被运用到该级舰的设计中。该级舰采用了平甲板船型、塔式主桅，装甲甲板和舷侧倾斜装甲使整个军舰形成类似"装甲围舱"的匣式结构，由 1 号主炮塔前方纵向延伸至 3 号主炮塔后，舷侧装甲带按照抗御 356 毫米口径炮弹的标准设计。2 号舰"华盛顿"号于 1938 年 6 月在费城海军港开工，1941 年 5 月服役。

基本参数	
舰长	222米
舰宽	33米
吃水	10.5米
排水量	36600吨（标准） 46700吨（满载）
航速	28节
续航力	16450海里 / 15节 5560海里 / 25节
舰员编制	1885人（设计） 2339人（战时）
动力系统	8台蒸汽锅炉 4台复式减速齿轮传动涡轮机

■ 性能特点

作为快速战列舰，北卡罗来纳级战列舰增强了续航能力，装备了当时比较先进的雷达。在武器上，其主炮为 3 座三联装 406 毫米 / 45 倍径主炮，可发射重型穿甲弹。副炮为 10 座双联装 127 毫米 / 38 倍径高平两用炮，高炮为盟军制式的 20 毫米及 40 毫米机关炮。该级舰舷侧水下防护能抵御 0.317 吨 TNT（一种烈性炸药）爆炸当量，水下防护系统包括 5 层隔舱，舰底采用 3 层舰底结构。

▲ 北卡罗来纳级战列舰

相关链接 >>

北卡罗来纳级两舰参加了美国太平洋舰队进攻吉尔贝特群岛、马绍尔群岛、马里亚纳群岛、关岛、硫黄岛、日本本土诸岛的战役。两舰都在1947年退役，"华盛顿"号在1961年被拆卸，"北卡罗来纳"号被当地知名人士花费33万美元购置，修整后停泊在北卡罗来纳州维尔明顿费尔角河的一个永久锚泊地，供游人参观。

南达科他级战列舰（美国）

简要介绍

南达科他级战列舰，是美国海军于二战期间在北卡罗来纳级战列舰基础上改进而成的全新战列舰。1936年，随着北卡罗来纳级战列舰的设计工作敲定并获得1937年财政拨款后，美国海军总务委员打算向海军建议再建造2艘同级战列舰，由于遭到了海军部长威廉·H.斯坦利反对，遂决定改为全新的南达科他级战列舰，于1938年5月获得批准。

由于设计时间接近，南达科他级战列舰的很多设计仍然参考了其前辈北卡罗来纳级。该级战列舰被要求在吨位、火力不变的情况下加强防护力，因此尽可能地减轻了不必要的重量，重点优化装甲防护。

南达科他级战列舰首舰于1939年7月5日在美国纽约造船厂开工，1941年6月7日下水，1942年3月20日服役，共建造了4艘，分别是"南达科他"号、"印第安纳"号、"马萨诸塞"号和"亚拉巴马"号，并且全部在1942年服役。南达科他级战列舰在太平洋战争中发挥了重要作用，是二战期间美国战列舰兵力的中坚。

基本参数	
舰长	207.3米
舰宽	32.9米
吃水	15.8米
排水量	35447吨（标准） 45200吨（满载）
航速	27.5节
续航力	17000海里/15节 6400海里/25节
舰员编制	1793人（设计） 2346人（战时）
动力系统	8台重油锅炉 4台复式减速齿轮传动涡轮机

性能特点

南达科他级战列舰在设计上注重防护性能，装甲厚度大，抗打击能力强。同时，南达科他级战列舰还具备出色的续航力，适合长途作战。此外，该级舰的航速也相当可观，机动性良好。这些性能特点使得南达科他级战列舰在二战中发挥了重要作用，成为美国海军战列舰兵力的中坚力量。

▲ 南达科他级战列舰

相关链接 >>

南达科他级战列舰的排水量虽受条约限制，但仍试用了一些未经全面测试的革新性技术，被公认是攻防平衡的优秀的条约型战列舰，在太平洋战争中多用于为航空母舰编队护航和对岸火力支援，相继参加了吉尔伯特群岛战役、马里亚纳海战、莱特湾海战、硫黄岛战役和冲绳岛战役以及对日本本土的炮击作战。

依阿华级战列舰（美国）

■ 简要介绍

依阿华级战列舰以优越的排水量著称。1936年，美、英、法三国签订了"第二次伦敦海军条约"，但由于日本、意大利未签订该条约，1938年6月，美、英、法三国将对战列舰的限制条款修改为标准排水量增加到45000吨，火炮口径增大到406毫米。此时，美国海军确定依阿华级战列舰的设计方案，作为南达科他级战列舰后续的45000吨级新型高速战列舰的设计方案。

1938年5月17日到1940年7月19日，共有6艘依阿华级战列舰的建造预算被通过，并在纽约海军造船厂、费城海军造船厂开工建造。1942年8月，首舰"依阿华"号下水，之后两年，"新泽西"号、"威斯康星"号、"密苏里"号先后下水；"伊利诺伊"号和"肯塔基"号则在中途停建。

依阿华级战列舰入列美国海军后，在二战中立下了赫赫战功，此后一直服役多年，至1992年才先后退役。

基本参数	
舰长	270.4米
舰宽	32.92米
吃水	10米
排水量	44560吨（标准） 55710吨（满载）
航速	33节
续航力	20150海里 / 14节 4830海里 / 33节
舰员编制	1851人（设计） 2700人（战时）
动力系统	8台重油锅炉 4台汽轮机

■ 性能特点

作为二战期间美国吨位最大的一级战列舰，依阿华级战列舰的动力装置是当时输出功率最大的舰船动力装置，设计航速高达33节。该级战列舰后又多次进行现代化改装，包括战斧巡航导弹、鱼叉反舰导弹、密集阵近程防御武器系统等，加强了对地对舰攻击能力和反潜防空能力，提高了通信和电子设备的现代化水平。

▲ 依阿华级战列舰

相关链接 >>

　　第二次世界大战太平洋战争期间，依阿华级战列舰以其高速性以及强大的高射火力，伴随航空母舰特遣舰队作战，并支援两栖登陆作战，相继参加了多次进攻日本的海上作战。而且依阿华级战列舰退役时间晚，4艘同型舰仍保存完好。由于其继承舰蒙大拿级战列舰取消建造，这一级战列舰成为美国海军的最后一级战列舰。

俾斯麦级战列舰（德国）

■ 简要介绍

俾斯麦级战列舰，是德国在二战前建成的最大主力舰。1932年，德国为了使新式战列舰的数量达到替换所有根据《凡尔赛和约》得以留下的老战列舰的水平，并对抗苏联的造舰计划，开始对大型战列舰的设计进行理论研究。1935年，《英德海军协定》签订，德国马上决定建造谋划已久的大型战列舰，以人称"铁血宰相"的奥托·冯·俾斯麦的名字，将其命名为俾斯麦级战列舰。其设计延续了德国的大舰风格，但出现了一战时期战列舰的设计痕迹。

俾斯麦级战列舰共建造服役2艘，首舰"俾斯麦"号于1936年7月1日在德国布隆·福斯造船厂开工建造，1939年2月14日下水，1940年8月24日服役。2号舰是以海军元帅、人称"德国海军之父"的阿尔弗雷德·冯·提尔皮茨命名的"提尔皮茨"号战列舰，于1936年11月2日在德国威廉海军造船厂开工，1939年4月1日下水，1941年2月25日服役。

俾斯麦级战列舰虽然集中了当时德国全部财力建造，但服役不久便在二战期间遭击沉。

基本参数

基本参数	
舰长	250.5米
舰宽	36米
吃水	10.7米
排水量	41700吨（标准） 50900吨（满载）
航速	30.8节
续航力	9320海里/16节 8525海里/19节 6640海里/24节
舰员编制	2092人
动力系统	12台高压重油锅炉 3台汽轮机

■ 性能特点

俾斯麦级战列舰有4座双联装主炮塔，在前甲板和后甲板分别布置两座。主炮可发射穿甲弹和高爆弹，穿甲弹和高爆弹的长度均为1.672米，其穿甲弹采用"高初速轻型弹"；主炮寿命长，射速也较黎塞留级战列舰更高，达到每分钟2.3~3发。另外，俾斯麦级战列舰的续航能力非常好，可以19节高速战斗巡航8000多海里。

相关链接 >>

俾斯麦级战列舰的缺点较多，其设计理念偏向近战，采取全面防护策略导致吨位浪费，且主炮威力相对不足，在远距离炮战中防护力较弱。该级舰的防空火力较弱，难以有效抵御空袭。此外，该级舰虽然航速较快，但舵机布局可能影响了其机动性能。

▲ 俾斯麦级战列舰

长门级战列舰（日本）

■ 简要介绍

长门级战列舰是一战末期日本海军建造的一级战列舰。当时英德两国海军爆发了日德兰海战，战列舰主宰海洋的"巨舰大炮制胜主义"理论达到了历史顶点，促使许多国家改进了巨舰的设计。日本原打算建造8艘战列舰、8艘战列巡洋舰，长门级战列舰，即"八八舰队"计划中的一号舰。

长门级战列舰共建造"长门"号和"陆奥"号两艘。"长门"号于1916年完成初始设计，由平贺让根据华盛顿会议内容，主持修改设计方案。由于之前建造的日本战列舰是英国设计，或者是基于英国设计蓝图更改，所以完全由日本自行设计的长门级战列舰，被视为"第一艘纯日本血统的战舰"。

"长门"号于1917年8月在广岛县的海军工厂开工，1919年11月下水，1920年11月完工交舰。2号舰"陆奥"号于1918年6月在横须贺海军工厂开工，1920年5月下水，1921年10月完工。1943年6月8日，"陆奥"号因不明原因的爆炸而沉没。"长门"号幸存到二战后，被美军俘获用于核试验，作为核试验靶舰被炸沉。

基本参数

基本参数	
舰长	224.9米
舰宽	34.59米
吃水	9.5米
排水量	39120吨（标准） 42850吨（满载）
航速	26.5节
舰员编制	1333人
动力系统	10台燃油专烧锅炉 4台汽轮机

■ 性能特点

长门级战列舰的首舰"长门"号拥有406毫米主炮，航速为26.5节，其前后弹药库、主炮塔天顶盖等部位装甲经过加厚。并且由于主炮在远距离炮战中观察、通信以及指挥的需要，前主桅采用了7根支柱支撑的高大的圆锥结构樯式桅楼，顶端设立射击指挥所，这种结构相当坚固，不易中弹受损。

▲ 长门级战列舰

相关链接 >>

　　"长门"号的造型和其他的日本战舰有所不同，其舰桥是多重樯式，比以往的三角樯式更显得雄伟。炮塔布置十分典型，8门406毫米主炮收装在4个连装炮塔中，采用前二后二、两个两个叠起来的方式布置在舰艏和舰艉，以达到前后火力平衡。"长门"号排水量大、航行速度快、战斗能力强，是当时日本海军的象征。

大和级战列舰（日本）

■ 简要介绍

　　"大和"号战列舰，是二战时日本海军最大吨位的战列舰。1934年，日本以太平洋彼岸的美国为假想敌，制定了新的国防方针，由于日本海军在主力舰的数量方面，无法同美国海军抗衡，因此决心以单舰的威力来抵消对方数量上的优势。同年10月，日本海军军令部对海军舰政本部正式下达了新式战列舰的设计任务。

　　新舰由舰政本部第四部福田启二大佐负责整体设计，由平贺让负责技术指导。1935年3月至1936年7月，先后提出23个设计方案。1937年，日本海军最终在这些设计方案中选用A-140方案，以此制订了"03舰艇补充计划"，确定建造大和级战列舰。

　　大和级战列舰计划建造4艘，最终只建成2艘。"大和"号于1937年11月开始在吴海军工厂动工建造，1940年8月下水，1941年12月16日，正式竣工服役。2号舰"武藏"号于1938年3月开工，1942年8月5日竣工。1944年10月24日，"武藏"号在莱特湾海战中，遭到美军水上水下的立体式攻击，沉没；"大和"号则在1945年4月7日被美国海军击沉。

基本参数	
舰长	263米
舰宽	38.9米
吃水	10.86米
排水量	64000吨（标准） 72808吨（满载）
航速	27节
续航力	7200海里 / 16节
舰员编制	2300人
动力系统	12台锅炉 4台汽轮机

■ 性能特点

　　"大和"号战列舰以其巨型主炮闻名于世。其主炮为三联装94式460毫米 / 45倍径舰炮，三联装主炮塔3座。炮身重165吨，一座炮塔内3门火炮总重为1720吨。装甲防护上，"大和"号也是整个战列舰史上最厚重的一艘。不仅如此，该舰的装甲带还具有良好的防弹外形，其舷侧410毫米装甲呈20度倾角，甲板边缘处的230毫米装甲也带有7度的倾角，大大提高了装甲的抗弹性。

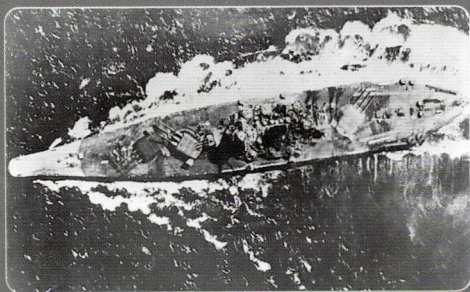

▲ 俯瞰"大和"号战列舰

相关链接 >>

　　"大和"号战列舰威力虽大,但"生不逢时"。当时战列舰的主力舰地位正被航空母舰所取代,日本海军将"大和"号当作最后决战的王牌很少出战,导致其错过了最佳作战时期,因缺乏战斗经验,在 1945 年被美国潜艇击沉。"大和"号战列舰的沉没,宣告了日本海军的覆灭,也宣告了大舰巨炮时代的结束。

黎塞留级战列舰（法国）

简要介绍

黎塞留级战列舰是法国于 20 世纪 30 年代开始建造的、该国海军史上最大一级战列舰。在第一次世界大战结束后的 20 年里，法国作为世界海军五强之一，在《华盛顿海军条约》中被定为 5 艘 35000 吨级。由于当时法国国力衰弱，在条约生效的 15 年内，海军的主力舰从未达到条约限制。而此时，法国潜在的对手意大利、德国却大力扩充海军，对法国的海上利益构成严重威胁。1932 年，法国建造了 2 艘敦刻尔克级战列舰，但所装的 330 毫米口径主炮的威力无法与新型战列舰对抗，于是法国海军开始设计和筹建新型战列舰——黎塞留级战列舰。

黎塞留级战列舰原计划建造 4 艘，实际建成 2 艘。首舰于 1935 年 10 月 22 日开建，1939 年 1 月 17 日被命名为"黎塞留"号。1940 年 5 月德国入侵法国，法国投降，1940 年 6 月，"黎塞留"号舰在维希法国海军服役。2 号舰"让·巴尔"号于 1936 年 12 月 12 日开工，在法国被德国占领后，于 1940 年 5 月 6 日被强制下水拖往卡萨布兰卡，法国解放后继续建造，最终于 1955 年建成。"让·巴尔"号于 1969 年退役后作为舰员训练舰使用，并于 1970 年解体。

基本参数

基本参数	
舰长	247.8米
舰宽	33米
吃水	9.9米
排水量	38500吨（标准） 47548吨（满载）
航速	30节
续航力	8250海里／20节 3450海里／30节
舰员编制	1550~1670人
动力系统	4台涡轮机

性能特点

黎塞留级战列舰，是法国电气化程度最高的战舰，大至扬弹机的工作、射击指挥塔与炮塔的旋转、操舵系统、锅炉通风系统，小至绞盘、吊车、传真以及食物的冷藏，都离不开电力。主要电路都布置在中部装甲盒范围的舰体内，在三层装甲甲板下都布置有一套独立的主电路，可以互相替换。每套电路都布置在水密管道内，使全舰的电力系统获得了可靠的安全保证。

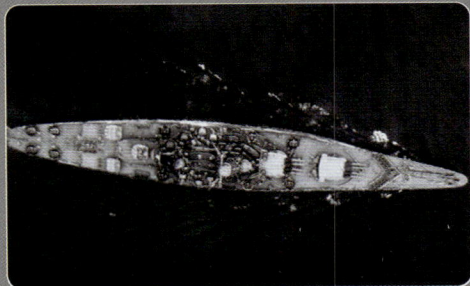

▲ 俯瞰黎塞留级战列舰

相关链接 >>

　　"黎塞留"号的命名，源自法国历史上著名的红衣大主教、法国首相黎塞留（1585~1642年）。黎塞留在任期第二年（1625年）建立了法国海军部，担任海军大臣，并将法国"皇家海军"更名为"国家海军"，组建了大西洋舰队和地中海舰队，使海军最高指挥权收归中央政府。2号舰名则取自法国海军名将，有"私掠船长""爱国海盗"之称的让·巴尔。

维内托级战列舰（意大利）

简要介绍

维内托级战列舰是二战前意大利建造的一级战列舰。根据 1922 年签署的《华盛顿海军条约》，意大利获得了 177800 总吨战列舰的份额，并于 1933 年年底提出了新型战列舰设计，计划建造 2 艘，命名为维内托级。

首舰"维内托"号于 1934 年 10 月 28 日在亚德里亚海联合造船厂开工，1937 年 7 月 25 日下水，1940 年 5 月 1 日正式加入意大利海军现役，1941 年 3 月马塔潘角海战中，被一枚空投鱼雷命中舷侧导致进水，1942 年后一直停靠在拉斯佩齐亚直到意大利投降。2 号舰"利托里奥"号于 1934 年 10 月 28 日在热那亚船厂开工，1937 年 8 月 22 日下水，1940 年 6 月 24 日正式加入意大利海军战斗序列，1943 年 9 月 9 日在撒丁岛附近海域被德国空军炸弹重创。1937 年法意英关系紧张后，意大利决定追加 2 艘改进型"罗马"号和"帝国"号。3 号舰"罗马"号于 1938 年开工，1942 年 6 月竣工，不久被 2 颗无线电制导炸弹命中，弹药库发生爆炸，舰体断裂沉没。4 号舰"帝国"号于 1938 年开工，但未完工。

基本参数	
舰长	237.7~240.1米
舰宽	32.9米
吃水	9.6~10.44米
排水量	41167~41650吨（标准） 45752~46203吨（满载）
航速	30节
续航力	4700海里 / 14节 3900海里 / 20节
舰员编制	1920人
动力系统	8台锅炉 4台汽轮机

性能特点

维内托级战列舰在意大利战列舰系列中，是攻击力和防御力相对比较平衡的一级：装备 381 毫米 / 50 倍径的主炮，具有威力大的特点，最大射程达到 42.8 千米；采用了带延伸结构的盒型装甲舱和普列赛防鱼雷系统，装甲舱可以在 16000 米及更远距离上，承受对方 0.885 吨 381 毫米穿甲弹的攻击，防鱼雷系统，能够抵御 0.35 吨 TNT 的爆破威力。

▲ 维内托级战列舰

相关链接 >>

　　维内托级战列舰的全部设计工作，由时任意大利海军工程监察长的乌蒙贝托·普列赛负责。由于新舰的排水量比意大利以前建造的最大军舰都要大 50%，对缺乏经验的意大利设计队伍来说是个极大的考验。但也因此使意大利工程师们摆脱了旧思想，不断对各种舰体设计进行模型对比试验，最后反而设计出了一型在很多方面具有开创意义的战列舰。

巡洋舰

　　18 世纪时出现了巡防舰，这是巡洋舰的前身。巡防舰是一种既小又快，配有轻武装的战舰，主要用来侦察和运送信件。最早出现的是带有风帆和汽轮机的风帆巡防舰。19 世纪 40 年代，实验性的蒸汽巡防舰出现。到了 19 世纪 50 年代中期，英国和美国的海军，开始制造拥有长船体和重炮的蒸汽巡防舰。

　　1874 年，第一艘真正意义上的装甲巡洋舰"海军上将"号在俄国完工，而英国的"香农"号装甲巡洋舰也在 1877 年服役。19 世纪至 20 世纪初，巡洋舰作为一种远程威慑重武器，被编入了主力舰队。与此同时，各国还建造了许多很小的防护巡洋舰。

　　一战期间，巡洋舰的发展速度加快，质量也有明显提高，巡洋舰的排水量不断增大，已经具备压制敌方驱逐舰的能力。

　　二战期间，英、美、日、法、意、苏、德 7 个国家的 190 多艘巡洋舰，杀向了各个海战场，进行了一次又一次的搏杀。

　　二战以后，巡洋舰数量急剧减少，主要采用核动力装置，装备导弹武器和携载直升机作战。发展核动力巡洋舰的主要是美国和苏联海军。

　　随着时代的发展，巡洋舰渐渐走向衰落，二战后各国已基本不再建造巡洋舰。如今，巡洋舰基本被驱逐舰所取代。

"长滩"号核动力导弹巡洋舰（美国）

■ 简要介绍

"长滩"号巡洋舰是美国在二战后建造的首艘核动力导弹巡洋舰，也是美国第一艘核动力水面战斗舰艇。20世纪50年代中期，美国海军计划为RGM-6狮子座巡航导弹建造发射载台"长滩"号。1956年10月19日提出的"长滩"号建造申请，1957年获得国会批准，并于同年12月2日开工安放龙骨。但因RGM-6狮子座巡航导弹取消，又逢苏联全力发展从水面、空中、水下发射的各种大型长程反舰导弹以对付美国航空母舰，"长滩"号便改装配备区域防空导弹，作为"企业"号核动力航空母舰的护航舰。又考虑到传统动力舰艇的续航力明显跟不上航空母舰，于是决定将其建造为核动力的巡洋舰。"长滩"号于1959年7月14日下水，1961年9月9日正式服役，不过实际服役后，并未编入美国海军的航空母舰特遣群。

此后，"长滩"号巡洋舰曾多次改进装备，至20世纪90年代初，又加装了战术指挥中心（TFCC）。原本美国海军打算对"长滩"号实施NTU（新威胁升级）改装工程，但冷战结束后海军缩减规模，大量裁减老旧舰艇，因此，"长滩"号还来不及进行相关改装，就在1994年7月2日停止运作，于1995年5月1日退役。

基本参数	
舰长	219.8米
舰宽	22.3米
吃水	9.5米
排水量	14200吨（标准） 17525吨（满载）
航速	30节
舰员编制	870人
动力系统	2座核反应堆 2台汽轮机

■ 性能特点

作为配备区域防空导弹的军舰，"长滩"号核动力导弹巡洋舰在舰艏配有2具美国海军MK-10双臂发射器，使用射程35千米的RIM-2小猎犬防空导弹。第一具发射器拥有2个容量20枚的环形弹舱；而第二具为mod2构型，拥有4组各装弹20枚的环形弹舱。此外，舰艉安装了一具MK-12导弹发射器，弹舱容量46枚，使用RIM-8护岛神长程防空导弹，射程高达120千米。

▲ "长滩"号核动力导弹巡洋舰

相关链接 >>

　　美国之所以热衷于为航空母舰建造核动力水面舰艇护航，主要是考虑到传统动力舰艇的续航力明显跟不上航空母舰；但若为满足补给需求而编入大量后勤舰艇，则舰队行动将受到拖累，护航难度更大，唯有增加护航舰艇的持续作战能力，才能根本解决问题。但也因此，"长滩"号的造价高达 3.32 亿美元，故美国海军又称其为"贵妇人"。

"班布里奇"号核动力导弹巡洋舰（美国）

■ 简要介绍

"班布里奇"号巡洋舰是美国海军于20世纪50年代末建造的第二代核动力导弹巡洋舰，也是美国继"长滩"号巡洋舰和"企业"号航母之后的第三艘核动力水面舰艇。

1959年，美国海军舰艇核动力计划取得重大进展，经国会批准，海军与伯利恒钢铁公司签订合同，按照莱希级巡洋舰原型换装D2G型核反应堆，建造一艘核动力驱逐领舰，以验证水面舰只采用核动力的可行性，并将这种核动力水面舰只命名为"班布里奇"号。

"班布里奇"号巡洋舰于1959年5月在美国伯利恒钢铁公司开始铺设龙骨，1961年4月15日下水，1961年10月6日服役，主要用于组成特混编队，执行警戒、防空和反潜等任务。1964年8至10月，它和"长滩"号巡洋舰组成护航编队，与"企业"号航空母舰组成全核动力特混舰队，进行了环球航行，途中没有加油和再补给，历时64天，总航程32600海里。1983年至1985年，"班布里奇"号接受了最后的核燃料大修，之后曾参与加勒比海反毒品走私巡逻、北欧水域和地中海巡航等，1996年9月13日退役。

基本参数

基本参数	
舰长	172.3米
舰宽	17.6米
吃水	7.7米
排水量	7804吨（标准） 8592吨（满载）
航速	30~32节
舰员编制	466人
动力系统	2座核反应堆 2台汽轮机

■ 性能特点

"班布里奇"号巡洋舰舰艏、艉各有一具MK10双臂导弹发射架，可发射小猎犬RIM-2防空导弹。该巡洋舰以海军战术数据系统（NTDS）进行作战指挥，并有AN/SPG-34炮瞄雷达、AN/SPG-55C防空导弹照射雷达、AN/SPS-39三坐标对空搜索雷达等制导小猎犬防空导弹和标准防空导弹，使用SQS-23声呐、URN-25塔康导航天线及战术导航系统和WSC3型卫星通信系统、AN/SLQ-32/36电子战系统等，实现了整个作业的自动化。

▲ "班布里奇"号核动力导弹巡洋舰

相关链接 >>

　　"班布里奇"号在1974年至1976年进行现代化改装升级，增加了4套MK36干扰火箭弹发射装置，将两座舰炮换装为四联装MK141"捕鲸叉"AGM-84反舰导弹，从而具备了反舰作战能力。同时，其左舷发射架向舰艏指向舷外，右舷发射架则朝后，舰艉副舰桥平台顶端加装一对平台，还将AN/SPS-39三坐标对空搜索雷达换为AN/SPS-48C雷达，大大扩展了防空范围。

加利福尼亚级核动力导弹巡洋舰（美国）

■ 简要介绍

加利福尼亚级巡洋舰是美国海军于 20 世纪 70 年代初建造的第三代核动力导弹巡洋舰。当时，美国海军为组建以"尼米兹"号航空母舰为主的舰艇编队，决定设计一级大型护卫战舰和多用途巡洋舰，取名加利福尼亚级，共建造 2 艘，分别为"加利福尼亚"号与"南卡罗来纳"号。首舰"加利福尼亚"号于 1970 年 1 月铺设龙骨，1971 年 9 月下水，1974 年 2 月正式服役。

随着冷战的结束和大量新型战舰的服役，加利福尼亚级巡洋舰逐渐落后，于是美国海军于 1990 年和 1991 年分别对加利福尼亚级 2 艘舰进行了改装，主要项目包括：

改进 MK-74 导弹制导系统、SPG-51D 火控雷达，用 SPS-49 对空搜索雷达取代 SPS-48B，增装 MK-14 通用火控系统和 SYS-2(V)2 综合自动目标检测与跟踪系统，不仅使它们仍然具备优秀的作战能力，而且在此基础上发展出了美国海军最后一级核动力巡洋舰——弗吉尼亚级。

1998 年，"加利福尼亚"号被划入 B 类预备舰；1999 年，"南卡罗来纳"号被列为 B 类预备舰。

基本参数	
舰长	181.7米
舰宽	18.6米
吃水	9.6米
排水量	9561吨（标准） 10450吨（满载）
航速	30节
舰员编制	603人
动力系统	2座核反应堆 2台蒸汽轮机

■ 性能特点

加利福尼亚级巡洋舰上武备众多，共有 2 座四联装"鱼叉"舰舰导弹、2 座"标准"防空导弹、1 座 MK16 型八联装"阿斯洛克"反潜导弹、2 座 MK32 型三联装反潜鱼雷发射管、2 套 20 毫米 MK-l5 型"密集阵"近程防御武器系统，以及 MK-36 型箔条火箭发射架。还装有多部对空、对海搜索雷达和多套指挥控制系统，配有 LN-66 导航雷达和 URN-25"塔康"系统及 SQS-26CX 型声呐系统。

相关链接 >>

加利福尼亚级巡洋舰的舰型为通长甲板、高干舷，艏部上层建筑中设有甲板室、指挥室、操纵舱室。舰艉跟上层建筑顶板上均有一锥形低桅，装有雷达、电子对抗设备和通信设备天线。配备的"标准"防空导弹可以攻击中高空飞机、反舰导弹及巡航导弹，必要时还可攻击水面舰艇，是美国海军的主要防空系统。

▲ 加利福尼亚级核动力导弹巡洋舰

弗吉尼亚级核动力导弹巡洋舰（美国）

■ 简要介绍

弗吉尼亚级巡洋舰是美国海军20世纪60年代末期开始研制的第四级，也是最后一级核动力导弹巡洋舰。当时，随着尼米兹级核动力航母的研制成功和陆续服役，美国海军现有的核动力巡洋舰已无法满足需要。为此，美国海军提出发展两型全综合指挥与可控制的核动力导弹巡洋舰——加利福尼亚级和弗吉尼亚级核动力导弹巡洋舰的计划。

弗吉尼亚级巡洋舰共建造4艘，分别为"弗吉尼亚"号、"得克萨斯"号、"密西西比"号和"阿肯色"号。首舰"弗吉尼亚"号于1972年开工，1974年下水，1976年9月服役。其余3舰也都在1980年以前建成服役。弗吉尼亚级巡洋舰具有独立或协同其他舰艇对付空中、水下和水面威胁的作战能力，可在全球范围内执行各种作战任务。其主要任务是与核动力航母一起组成强大的特混编队，在危机发生时可迅速开赴指定海域，为航母编队提供远程防空、反潜和反舰保护，同时也为两栖作战提供支援。

自20世纪80年代以来，该级舰先后进行了几次改装，不但防空、反潜能力大幅提高，而且还首次具备了对地攻击能力，大大提高了该级舰执行任务的灵活性。

基本参数

基本参数	
舰长	178.3米
舰宽	19.2米
吃水	9.6米
排水量	8623吨（标准） 11300吨（满载）
航速	大于30节
舰员编制	562人
动力系统	2座核反应堆 2台涡轮机

■ 性能特点

弗吉尼亚级巡洋舰装备了当时美国海军最先进的综合指挥系统和武器系统，主要有战斧导弹、鱼叉导弹、标准导弹、阿斯洛克反潜导弹和127毫米舰炮。其中阿斯洛克反潜导弹是一种全天候、全海况反潜导弹系统，可携带TNT当量为千吨级的MK17核深水炸弹。它还设有7台UYK-7型计算机、19个操作显控台和2个大型水平显控台组成的全集成作战指挥系统。

相关链接 >>

　　弗吉尼亚级巡洋舰的防护、补给性能，比起前辈加利福尼亚级巡洋舰都有所提高，可自动监测全舰管道损耗和协调消防设施；而且其在各个方面的设计都从自动化考虑，因而比起加利福尼亚级巡洋舰，舰员人数有所减少。此外，它还着重考虑了全舰的居住性能，生活条件较为舒适，有利于舰员在海上长期生活和执行作战任务。

▲ 弗吉尼亚级核动力导弹巡洋舰

提康德罗加级导弹巡洋舰（美国）

■ 简要介绍

提康德罗加级巡洋舰是美国海军于 20 世纪 70 年代研制的第一种正式使用宙斯盾的主战舰艇。早在 20 世纪 60 年代中期，美国海军就开始进行"先进水面导弹系统"计划，旨在研发一种先进的舰载战斗系统装备在航空母舰护卫舰上，能提升防空管制能力，同时能处理大量目标信息，并有效应对来自空中、水面与水下的威胁，这就是宙斯盾作战系统。最初计划将该系统安装于改良自弗吉尼亚级核动力导弹巡洋舰的新一级核动力导弹巡洋舰上，但由于成本太高而作罢。1977 年，美国海军提出高低搭配方案，打算将斯普鲁恩斯级驱逐舰舰体修改成一种传统动力宙斯盾舰艇——提康德罗加级巡洋舰。当时，美国海军提出首舰的 5.1 亿美元建造预算，并于 1978 年 9 月 22 日与英格尔斯船厂签署首舰合约。

里根上台后，提出了美国海军维持 600 艘舰艇规模的政策，提康德罗加级巡洋舰订单达到惊人的 27 艘。1980 年 1 月 21 日，首舰"提康德罗加"号开工，1981 年 4 月 25 日下水，1983 年 1 月 22 日服役，2004 年 9 月 30 日退役。末舰"皇家港"号于 1991 年 10 月 18 日开工，1992 年 11 月 20 日下水，1994 年 7 月 9 日服役。

基本参数	
舰长	172.8米
舰宽	16.8米
吃水	6.5米
排水量	9589吨（满载）
航速	30节
续航力	6000海里／20节
舰员编制	364人
动力系统	4台燃气轮机

■ 性能特点

提康德罗加级巡洋舰最引人注目的是首次装备了宙斯盾战斗系统。该系统反应速度快，主雷达从搜索方式转为跟踪方式仅需 0.05 秒，能有效对付掠海飞行的超音速反舰导弹；抗干扰性能强，可在严重电子干扰环境下正常工作；可综合指挥舰上的各种武器，同时拦截来自空中、水面和水下的多个目标，还可对目标威胁自动评估，优先击毁威胁最大的目标。

▲ 提康德罗加级导弹巡洋舰发射"战斧"巡航导弹

相关链接 >>

　　提康德罗加级巡洋舰作为美国海军现役唯一一级巡洋舰，其主要武器装备有：2门MK-45 127毫米／54倍径舰炮；2具MK-26 Mod5双臂发射器，可装填标准SM-2MR防空导弹或阿斯洛克反潜导弹；16组八联装MK-41垂直发射器，可装填标准SM-2防空导弹、战斧巡航导弹、垂直发射反潜导弹等。21世纪又增加了ESSM短程防空导弹、SM-3反弹道导弹、战术型战斧巡航导弹。

1144型核动力导弹巡洋舰 （苏联）

■ 简要介绍

1144 型核动力导弹巡洋舰，也被称为"基洛夫"级巡洋舰，是一款在冷战时期由苏联研发，设计用于远洋反潜作战的大型核动力导弹巡洋舰。

该级舰的研发始于 20 世纪 70 年代，集中了苏联当时众多先进的军事科技。其强大的动力系统使得该级舰拥有近乎无限的续航力，适应了远洋作战的复杂需求。在武器系统方面，除了强大的导弹系统外，该级舰的反潜武器也尤为突出。

服役之后，1144 型核动力导弹巡洋舰成为苏联海军的旗舰，展现了在远洋环境中的强大作战能力。随着苏联军事战略的调整，该级舰的作战任务也逐步从反潜战转变为更广泛的内容，包括区域防空和战略威慑等。在多次海试和军事演习中，该级舰都展示了其出色的性能和强大的火力。

1144 型核动力导弹巡洋舰是冷战时期苏联海军的一款重要舰只。然而，随着冷战的结束和军事科技的进步，该级舰的作战理念和装备也逐渐面临新的挑战和变革的需求。

基本参数

基本参数	
舰长	250.1米
舰宽	28.5米
吃水	7.8米
排水量	23750吨（标准） 25860吨（满载）
航速	31节
续航力	14000海里／30节
舰员编制	759人
动力系统	2座核反应堆

■ 性能特点

1144 型"基洛夫"号巡洋舰的武器系统，集中体现了苏联海军当时的现代化技术：其反舰导弹率先采用垂直发射系统和圆环形排列导弹方式。上甲板是花岗岩远程反舰导弹系统，共有 20 枚 SS-N-19 导弹。火炮系统由火控计算机连同多波段雷达、电视和光学目标瞄准器组成。防空系统由三道防线组成，SA-N-6 防空导弹为第一道，SA-N-9 防空导弹为第二道，SA-N-4 防空导弹为第三道。

相关链接 >>

1144 型核动力导弹巡洋舰在苏联时期扮演了重要角色，体现了苏联海军现代化的技术，是苏联海军从近海走向远洋、从防御走向进攻的重要力量。该巡洋舰满载排水量超过 25000 吨，被誉为"武库舰"，是苏联海军战斗力强大的编队中心舰艇，对提升苏联海军的远洋作战能力具有重要意义。

▲ 1144 型"彼得大帝"号核动力导弹巡洋舰

1164 型导弹巡洋舰（苏联 / 俄罗斯）

■ 简要介绍

1164 型导弹巡洋舰，是苏联海军于 20 世纪 70 年代研制的大型传统动力攻击巡洋舰。20 世纪 60 年代后期，苏联面对美国日益强大的水面舰艇兵力，开始建造航空母舰等大型水面舰艇。苏联海军为了配合其远洋航空母舰，弥补 1144 型核动力巡洋舰的数量不足，开始建造经济和缩小版的 1144 型巡洋舰，即 1164 型导弹巡洋舰。

该级巡洋舰本计划建造 8 艘，最后完成服役的仅有 3 艘。首舰"光荣"号于 1976 年 5 月 11 日开工，1979 年 7 月 27 日下水，1982 年 12 月 30 日服役，1995 年 5 月 15 日改称"莫斯科"号，现服役于俄罗斯黑海舰队，为俄罗斯海军黑海舰队旗舰。2 号舰"洛博夫海军元帅"号于 1978 年 10 月 5 日开工，1982 年 2 月 25 日下水，1986 年 9 月 15 日服役，后改称"乌斯季诺夫元帅"号，服役于俄罗斯海军北方舰队，2013 年转隶太平洋舰队。3 号舰"红色乌克兰"号于 1979 年 7 月 31 日开工，1983 年 8 月 28 日下水，1989 年 12 月 25 日服役，1995 年 12 月 21 日改称"瓦良格"号。

基本参数	
舰长	186.4米
舰宽	20.8米
吃水	6.28米（标准）；8.4米（满载）
排水量	9300吨（标准）；11280吨（满载）
航速	32.5节
续航力	7000海里/18节；2100海里/30节
舰员编制	529人
动力系统	COGOG 全燃联合；2台巡航用燃气轮机；4台加速用燃气轮机；2台废气循环巡航用锅炉

■ 性能特点

1164 型舰以先进的全燃联合动力装置作为推进系统，最高航速比美国提康德罗加级巡洋舰快 2 节以上。同时，其武器和电子设备要比美国同类舰多得多，仅防空、反舰导弹发射装置就达 18 座之多。反舰作战装备主要有 SS-N-12"沙箱"反舰导弹、T3-31 或 T3CT-96 反潜反舰两用鱼雷等；防空作战系统主要有"雷神"SA-N-6 导弹、SA-N-4"壁虎"导弹及电子对抗系统等。

▲ 1164型"光荣"号导弹巡洋舰

相关链接 >>

苏联战后共发展了三代导弹巡洋舰：第一代为肯达级，共4艘，舰上主要装备远程对舰导弹，以反舰为主；第二代为克列斯塔级和卡拉级，共21艘，舰上装备最多的是舰空导弹和反潜武器，以防空、反潜为主；第三代为1144型和1164型，共7艘，用于为航母护航和自行组建特混编队，以防空、反舰、反潜和对陆攻击为主。

航空母舰

在一战的日德兰海战中，英国是唯一拥有舰载水上飞机的参战方，但没有供飞机飞行的甲板，无法供战斗机起飞，英国人考虑必须重新设计一种新军舰。

第一艘安装全通飞行甲板的航空母舰，是由客轮"卡吉林"号改建的英国"百眼巨人"号航空母舰。

航空母舰在二战中被广泛运用。它是一座浮动的机场，携带战斗机以及轰炸机远离国土执行攻击敌人任务，战果非常显著。

航空母舰在太平洋战争战场上起了决定性作用。二战结束后，核动力航空母舰出现，把航空母舰的发展推向又一个高峰，一时间各种类型的航空母舰都冒了出来。

航空母舰是一种以舰载机为作战武器的大型水面舰艇，拥有巨大的飞行甲板和舰岛。有了航空母舰，一个国家可以不依靠当地机场，在远离其国土的地方施加军事压力并进行作战。

航空母舰发展至今，已成为庞大、复杂、威力强的武器代表，是一个国家综合国力的象征。

"兰利"号（CV-1）航空母舰（美国）

■ 简要介绍

"兰利"号航空母舰是美国海军隶下的第一艘航空母舰，舷号为CV-1。1910年10月，美国海军开始进行海军航空兵的研究，探讨飞机和舰艇如何有机结合起来。但之后由于在试验中发生了机毁人亡事故，航空母舰发展受挫，美国海军将目光转向了较为安全的水上飞机及其母舰。第一次世界大战末期，航空母舰作为一个舰种开始出现，先驱者英国皇家海军已经改装和正在建造3艘航空母舰；日本海军也开始建造第一艘真正的航空母舰"凤翔"号，这促使美国开始下决心发展自己的航空母舰。不过由于美国海军受到财政紧张的影响，只得放弃建造专门设计全新航空母舰的计划，模仿英国先从改装开始。

1919年7月11日，"木星"号运煤船被最终确定用于改装航空母舰，于1920年3月20日改装完毕重新服役，后又略作修改，于1922年10月17日开始海试。美国为了纪念航空先驱塞缪尔·兰利博士，将其重新命名为"兰利"号。"兰利"号在役期间一直用于进行各项战术训练与演习，为美国海军提供了使用航空母舰的经验以及训练了许多海军飞行员。1936年，"兰利"号被改装成水上飞机母舰。

基本参数

基本参数	
舰长	165.2米
舰宽	19.8米
吃水	5.8~7.3米
满载排水量	14700吨
飞行甲板	165.3米×19.8米
航速	15节
续航力	12260海里/10节
舰员编制	468人
动力系统	3台锅炉；2台电动机；2300吨航空燃油

■ 性能特点

"兰利"号航空母舰飞行甲板上安装了压缩空气型飞机弹射装置，用于弹射载有鱼雷的重型飞机，可将飞机在18米长甲板上加速到97千米/时，甲板上还安装了美国发明的阻拦索，可使飞行速度为97千米/时的飞机在12米长的距离上停下来，而不会伤及飞行员和飞机。甲板下的两个机库总共可容纳飞机56架。

▲ "兰利"号（CV-1）航空母舰

相关链接 >>

"兰利"号作为美国第一艘航空母舰，掀开了美国海军航空母舰的历史，是美国海军航空兵力的先驱。同时"兰利"号也是美国最早采用电气推进动力系统的舰船之一。它的出现，对此后的美国海军产生了巨大的影响。1942年2月27日，"兰利"号在执行任务期间被日本海军陆上攻击机击沉，是美军在太平洋战争中损失的第一艘航空母舰。

"约克城"号（CV-5）航空母舰（美国）

■ 简要介绍

"约克城"号航空母舰是美国约克城级航空母舰的首舰，舰号CV-5。1922年到1929年间，美国海军建造及维修署、海军航空署及海军事务委员会均在钻研新式航空母舰设计，而新设计方案最大的争论是如何"有效地"运用条约规定的余下的69000吨重量。

1930年至1932年年初，海军事务委员会从多项设计中选择了排水20000吨、搭载90架舰载机的方案，然而国会以经济萧条为由未拨款建造新型航空母舰。1933年，富兰克林·罗斯福就任美国总统后，动用全国工业复兴法的资金，以援助失业造船工人为名，拨款建造2艘航空母舰及若干驱逐舰，从而促成最初的2艘约克城级航空母舰诞生。

1934年5月21日，约克城级航空母舰首舰"约克城"号在纽波特纽斯造船及船坞公司开工建造，1936年4月4日下水，1937年9月30日服役于弗吉尼亚州诺福克的海军基地。在埃塞克斯级航空母舰于1943年年底服役前，约克城级舰一直是美国海军太平洋舰队的中坚力量。它们在太平洋战争初期是美国海军的中流砥柱，仅以中途岛战役而言，它们对太平洋战争的进程产生了不可估量的作用。

基本参数

基本参数	
舰长	246.74米
舰宽	33.38米
吃水	7.9米
满载排水量	25600吨
飞行甲板	228.6米×33.37米
航速	32.5节
续航力	12000海里/15节
舰员编制	2217人
动力系统	9台锅炉；4台汽轮机；2台柴油轮机

■ 性能特点

"约克城"号航空母舰的舰艏及舰艉，共设有8座单管127毫米/38高平两用炮，是当时美国最新式的防空及水平两用舰炮。服役之初，其在烟囱前后，各装有一套专门为127毫米火炮而设计的Mark 33射控系统，相比起上一代手动操作的Mark 19及Mark 28，Mark 33完全以电力运作，以电脑测量距离，可更有效测出飞机的距离及高度。该航空母舰还装有首批舰用CXAM搜索雷达，准确度为273米，分辨率366码。

▲ "约克城"号（CV-5）航空母舰

相关链接 >>

　　"约克城"号航空母舰是美军第三艘以"约克城"为名的军舰，是纪念美国独立战争中的约克城围城战役。此舰适用于当时美国海军的战略及战术运用，既可搭载大量飞机，同时具有优越的速度与续航距离，只是水下防御有所不足。1942年5月，"约克城"号航空母舰在珊瑚海海战受到重创，最终于6月7日沉没。

"企业"号（CV-6）航空母舰（美国）

■ 简要介绍

"企业"号航空母舰，舷号 CV-6，是约克城级航空母舰的 2 号舰，也是服役于美国海军的第六艘航空母舰。"企业"号航空母舰是美国历史上第七艘以"企业"命名的舰船，源自美国独立战争期间俘获并更名的一艘英国单桅纵帆船。

1934 年 7 月 6 日，约克城级 2 号舰"企业"号在纽波特纽斯造船及船坞公司开工，7 月 16 日开始铺设龙骨。1936 年 10 月 3 日，海军部长克劳德·斯万森的太太在纽波特纽斯造船及船坞公司主持了"企业"号的掷瓶仪式，"企业"号自此开始了其传奇的历史。

"企业"号于 1938 年 5 月 12 日入役，在二战太平洋战争中参与了包括中途岛战役、东所罗门群岛海战、圣克鲁斯群岛海战、瓜达尔卡纳尔岛战役、菲律宾海海战、莱特湾海战在内的一系列重要战役，成为太平洋战争中美国海军战斗资历最深厚、功勋最卓著的战舰。1942 年 6 月 2 日中途岛一战，"企业"号把日军的 4 艘航母击沉了 3 艘。1947 年 2 月 17 日，"企业"号功成身退。

基本参数	
舰长	246.7米
舰宽	33.2米
吃水	6.6米
满载排水量	25909吨
飞行甲板	228.6米×33.37米
航速	32.5 节
续航力	7900海里 / 20 节
舰员编制	战时最多2919人
动力系统	9台锅炉；4台汽轮机；2台柴油轮机

■ 性能特点

"企业"号航母的排水量比"列克星敦"号和"萨拉托加"号小了约 1/3，却可以装载与后两者数量相同的舰载机和多达 30% 的航空燃料，并拥有更强的机动性，转向更为灵活。当然，在提升性能的过程中，为了减轻排水量，约克城级航空母舰均减少了装甲的厚度和防御武器的数量，不过其内部的上百个水密舱也可以保证在恶劣战况下舰体不会轻易沉没。

相关链接 >>

"企业"号航空母舰是美国历史上光环最多的战舰，曾获得"总统集体嘉奖"，被誉为"美国海军史上战斗力最强的军舰"。在它服役期间，共航行 442475 千米，击沉敌舰 71 艘、击伤 192 艘，击落敌机 911 架。在美国海军中没有任何一艘军舰能与之相比，"企业"号象征着美国海军的战斗精神。

▲ "企业"号（CV-6）航空母舰

"黄蜂"号（CV-7）航空母舰（美国）

■ 简要介绍

"黄蜂"号航空母舰，舰号CV-7，又名"胡蜂"号，是黄蜂级航空母舰唯一的一艘，也是美国第八艘以"黄蜂"命名的舰只。受《华盛顿海军条约》限制，由于美国在批准建造"约克城"号及"企业"号后，只剩下15000吨可用作航空母舰，海军只好将原本近20000吨的约克城级进行重新设计，缩减至15000吨，以多造一艘航空母舰。实际上，"黄蜂"号的设计图就是约克城级航空母舰的设计图，因而其看上去更像是约克城级航空母舰的缩小版本，为了不超过剩余吨位，不仅减少了鱼雷舱壁，水下防御的装甲厚度也相应减小。

"黄蜂"号航空母舰于1935年9月15日订购，1936年4月1日在美国霍河造船厂开工建造，1939年4月4日下水，1940年4月25日在波士顿陆军军需基地服役，因未完成适航测试，故未能参与海军任务，后进行航空母舰演练与飞行员选拔。

美国加入二战后，"黄蜂"号先后参与了欧洲与太平洋海战。1942年9月15日，"黄蜂"号在瓜岛海战中被日军潜艇3枚鱼雷击中发生大火，弃船后被驱逐舰的鱼雷击沉。

基本参数

基本参数	
舰长	226.1米
舰宽	33.84米
吃水	6.75米
满载排水量	19116吨
航速	29.5节
续航力	12000海里 / 15节 8000海里 / 20节
舰员编制	1889人（平时） 2367人（战时）
动力系统	6台锅炉；2台汽轮机

■ 性能特点

"黄蜂"号航空母舰的舰岛经重新设计，面积比约克城级航空母舰舰岛小1/3，但采用了开放式机库，拥有3部升降机，飞行甲板前端和机库各设置了2具弹射器。在防御武器方面，最初安装的是8座127毫米单管两用炮、4座28毫米四联装防空炮及24挺12.7毫米机枪。1942年换装，火炮变为8座127毫米单管两用炮，1座40毫米防空炮，4座28毫米四联装防空炮，32门20毫米防空炮，6挺12.7毫米机枪。

▲ "黄蜂"号（CV-7）航空母舰上的舰载机

相关链接 >>

"黄蜂"号航空母舰的命名起源于美国独立战争初期大陆军13艘战舰之一，该舰于1776年3月参加了著名的"拿骚战役"，当时刚刚成军的海军和陆战队第一次两栖登陆作战，战役中海军陆战队员登陆巴哈马拿骚，经激烈战斗，夺取了重要战争物资火药。战斗中当其他舰只受创脱离编队后，"黄蜂"号战舰搭乘并掩护海军陆战队员登陆成功。

"大黄蜂"号（CV-8）航空母舰（美国）

■ 简要介绍

"大黄蜂"号航空母舰，是美国于二战初期建造的一艘航空母舰。1936年，日本退出海军裁军谈判，开始建造大型的翔鹤级航空母舰。美国海军因此在1938年又追加建造一艘航空母舰，以应对战争需要。由于时间紧迫，海军事务委员会提出沿用约克城级航空母舰的设计，附带多项改良，将新舰的锅炉与轮机交错配置，以降低风险；与约克城级航空母舰前两艘相比，新舰的舰体和航速稍有增大，并加大了水面和水下防护，是约克城级航空母舰改进型，命名为"大黄蜂"号。

1939年3月30日，海军开始"大黄蜂"号的招标。1939年9月1日，二战欧洲战事爆发，"大黄蜂"号的建造进度随即加快，于同年9月25日在诺斯洛普·格鲁门造船厂铺设龙骨，1940年12月14日下水，1941年10月20日服役。珍珠港事件爆发时，"大黄蜂"号作为最新服役的航空母舰，被选中参加空袭东京的任务，随后参加了中途岛海战和瓜达卡纳尔岛的争夺战。1942年，"大黄蜂"号在圣克鲁斯海战中因鱼雷攻击失去动力而沉没。

基本参数	
舰长	251.3米
舰宽	25.36米
吃水	7.9米
满载排水量	26932吨
飞行甲板	228.6米×34.7米
航速	34节
续航力	12500海里/15节
舰员编制	2700人
动力系统	9台锅炉 4台汽轮机

■ 性能特点

"大黄蜂"号航空母舰吸收了之前美国海军改装、设计、建造航空母舰的经验，和"游骑兵"号航空母舰相比，增大了舰体和航速，加强了水平和水下防护。1942年年初，"大黄蜂"号涂上了迷彩，连舰岛亦涂有混合海洋灰及阴霾灰两种颜色，迷彩可有效迷惑水面军舰的目测。该舰还安装了较新的Mark 37射控装置，大幅提升了战斗效能。

▲ 1942年4月18日早上8时15分，杜立德驾驶的B-25轰炸机从"大黄蜂"号起飞，前往轰炸日本

相关链接 >>

"大黄蜂"号（CV-8）航空母舰存在一些不足之处。首先，由于建造时受到吨位限制，其排水量和装载量相对较小，影响了作战能力。其次，该舰的装甲防护较为薄弱，难以抵御敌方攻击，增加了受损风险。此外，其消防安全措施也存在不足，一旦发生火灾，可能引发严重后果。这些都影响了"大黄蜂"号的整体作战效能。

"埃塞克斯"号（CV-9）航空母舰（美国）

■ 简要介绍

"埃塞克斯"号航空母舰，是美国1941年开始建造的海军埃塞克斯级航空母舰的首舰。在1937年约克城级航空母舰开始服役时，美国正在设计中的新式舰载机的尺寸、重量和性能都要求海军建造更大型、更有效和具有更好防护功能的航空母舰，于是海军以约克城级航空母舰为蓝本，开始设计埃塞克斯级航空母舰，标准排水量被确定为20000吨。美国海军对该级舰提出了要求，包括更大的飞行甲板、储备更多的航空汽油、增加装甲列板厚度、加大推进系统的功率、增加机库甲板面积、增加舰上的防御武器。这些要求是无法在一艘标准排水量仅为20000吨的舰体内实现的。

1940年6月，在总统罗斯福的大力支持下，美国国会通过"舰队扩大法案"和"两洋海军法案"，计划于1940财年建造11艘、1941财年建造2艘埃塞克斯级航空母舰。

1941年4月28日，埃塞克斯级航母首舰"埃塞克斯"号在纽波特纽斯造船及船坞公司开始建造，于1942年12月31日服役，1969年6月30日退役。在太平洋战争中，埃塞克斯级航空母舰发挥了重要作用。

基本参数	
舰长	265.79米
舰宽	44.99米
吃水	8.2米
满载排水量	33000吨
飞行甲板	246米×29.26米
航速	32.7节
续航力	20000海里/15节
舰员编制	2631人
动力系统	8台锅炉 4台齿轮传动式汽轮机 2台柴油轮机

■ 性能特点

"埃塞克斯"号的防护较约克城级航空母舰有了改进，钢型和钢板、舰上设备、机械以及武器等方面实行了高度标准化，高射武器的生产集中在127毫米炮、"博福斯"40毫米炮和"厄利孔"20毫米炮上，因此水下、水平防护和对空火力都有所加强。1951年1月16日，"埃塞克斯"号还进行了SCB-27A方案的现代化改装，提高了航母的操控能力。

▲ 改装后的"埃塞克斯"号（CVS-9）航空母舰

相关链接 >>

太平洋战争爆发时，埃塞克斯级航空母舰只有5艘开工，美国海军感到航空母舰数量不足。在1942年，"黄蜂"号、"列克星敦"号、"约克城"号和"大黄蜂"号航空母舰相继战沉，美军在太平洋战区剩下的航空母舰屈指可数。美国国会和政府决定加速建造航空母舰，集中力量优先按照埃塞克斯级的标准批量生产，1942年再提供10艘、1943年提供3艘、1944年提供6艘。

“约克城”号（CV-10）航空母舰 (美国)

■ 简要介绍

　　“约克城”号（CV-10）航空母舰，是美国海军埃塞克斯级航空母舰的2号舰。1941年开始建造时，舰名原为“好人理查德”，但建造开始数日，便发生了日本偷袭珍珠港事件。为此，美国国会和政府督促加快建造“埃塞克斯”号等航空母舰。1942年，日军在中途岛海战击沉了舷号为CV-5的“约克城”号，美军于是将正在建造中的CV-10更名为“约克城”号，以作纪念。

　　CV-10“约克城”号航母于1943年下水服役，参与太平洋战争，给海军航空兵注入了机动性、持久力和攻击力，使盟国海军从日本舰队手中夺取了太平洋的控制权，因此1944年后获得“女战士”绰号。战后“约克城”号退役封存，并在稍后进行方案代号SCB-27A的现代化改建，改建期间被重编为攻击航母CVA-10。后来，“约克城”号又进行了改建，增设斜角飞行甲板，于1957年重编为反潜航母CVS-10，亦有参与美国的太空计划，担任阿波罗8号指挥舱的救援船。服役晚年，“约克城”号被调到大西洋舰队。1970年年初，“约克城”号留在近岸训练并预备退役，1973年被正式除籍。

基本参数

基本参数	
舰长	265.79米
舰宽	44.99米
吃水	8.2米
满载排水量	36500吨
飞行甲板	246米×29.26米
航速	32.7节
续航力	20000海里/15节
舰员编制	2750~3450人
动力系统	8台锅炉 4台齿轮传动式汽轮机 2台柴油轮机

■ 性能特点

　　“约克城”号航空母舰为了反舰和防空的需要，装有数量众多、口径各异的火炮，装有12门双联装127毫米口径高平两用炮，用以对付远距离目标。拦阻系统在舰艉设有9条拦阻索，舰艏设有6条，可以使飞机在舰艏降落，能阻拦降落重量达5.4吨的舰载机。其机库可放置近百架飞机。

▲ "约克城"号（CV-10）航空母舰

相关链接 >>

"约克城"号被除籍后，美国南卡罗来纳州政府一直在讨论是否保留"约克城"号及另外数艘军舰，以设立一个海事博物馆。1973年4月，州政府通过法案，请求海军将"约克城"号赠予州政府。1975年10月13日，"约克城"号博物馆于查尔斯顿正式开放，并在1986年获评为美国国家历史地标。

"列克星敦"号（CV-16）航空母舰（美国）

■ 简要介绍

"列克星敦"号（CV-16）航空母舰，是美国海军埃塞克斯级航空母舰的 8 号舰，也是美国第 5 艘以"列克星敦"命名的军舰，在 1940 年 9 月订购。1941 年 7 月 15 日在霍河造船厂开工建造时，该舰原本被命名为"卡伯特"号。1942 年 5 月，于 1927 年 12 月 14 日服役的"列克星敦"号在珊瑚海海战中沉没。21 年前建造"列克星敦"号的船厂主动联络美军，要求将"卡伯特"号更名为"列克星敦"号以作纪念，海军同意了这个要求。

"列克星敦"号航空母舰（CV-16）于 1942 年 9 月 23 日下水，1943 年 2 月 17 日服役，被派往太平洋战场，起到了显著作用，在二战中，获美国总统集体嘉奖。"列克星敦"号航空母舰于 1947 年 4 月 23 日退役封存。1952 年，大部分埃塞克斯级航空母舰均按照 SCB-125 方案进行了现代化改装，首先进行此项改装的便是"列克星敦"号。1953 年 9 月 1 日，"列克星敦"号航母又进行了 SCB-27C 方案改装，1955 年 9 月 1 日完工并重新服役。1991 年 11 月 8 日，"列克星敦"号退出现役，它是最后一艘退役的埃塞克斯级航空母舰。

基本参数

基本参数	
舰长	265.79米
舰宽	44.99米
吃水	7米
满载排水量	36380吨
飞行甲板	246米×29.26米
航速	32.93节
续航力	20000海里／15节
舰员编制	2750人
动力系统	8台锅炉；4台齿轮传动式汽轮机；2台柴油轮机

■ 性能特点

"列克星敦"号的装甲较厚是一大特点，水线装甲带厚 63 ~ 101 毫米，炮塔装甲厚 127 毫米，炮塔底座装甲厚 28 毫米，飞行甲板装甲厚 38 毫米，机库甲板装甲厚 76 毫米，主甲板装甲厚 38 毫米。弹药载量：平均每门 40 毫米炮备弹 800 发，每门 20 毫米炮备弹 4076 发，弹药总重 47 吨，为定编舰载机重的 50%。为了增加航母的稳定性，美国舰船局严格规定了航母的弹药载量：每门 40 毫米炮 500 发，每门 20 毫米炮 1420 发。

▲ "列克星敦"号（CV-16）航空母舰

相关链接 >>

　　1952年6月，美国航空局建议在"安提坦"号航母上安装英国研制的斜角飞行甲板，并于同年12月中旬完成了这一改装，这一新方案称为改进的SCD-27C（斜角飞行甲板）方案，又称SCB-125方案。改装内容：加装斜角飞行甲板和采用封闭式舰艏，改进拦阻装置，加大舰体前部中线的升降机。

福莱斯特级航空母舰（美国）

■ 简要介绍

福莱斯特级航空母舰，是美国在二战结束后建造的第一级航空母舰。1947年美国空军成立，大力宣传建立陆基重型战略轰炸机队；而美国海军不愿失去原有地位，则提出建造8艘"美国"级超级航空母舰。

1948年7月，总统杜鲁门批准了建造计划，但美国空军、陆军极力反对。1949年3月，支持超级航空母舰计划的美国首任国防部长詹姆斯·福莱斯特因病辞职，继任者路易斯·强森却私自下令取消建造。1950年10月30日，建造计划得到海军部长弗朗西斯·马修斯的批准，为纪念詹姆斯·福莱斯特，首舰被命名为"福莱斯特"。

首舰"福莱斯特"号于1952年7月14日开工，1955年10月1日服役。2号舰"萨拉托加"号于1952年12月16日动工，1956年4月14日服役；3号舰"游骑兵"号于1954年8月2日动工，1957年8月10日服役；4号舰"独立"号于1955年7月1日动工，1959年1月10日服役。

基本参数	
舰长	331米
舰宽	76米
吃水	10.8米
满载排水量	79250吨
飞行甲板	301.8米×76.3米
航速	30节
续航力	4000海里/30节
舰员编制	2720人
动力系统	4台减速齿轮式汽轮机 8台锅炉

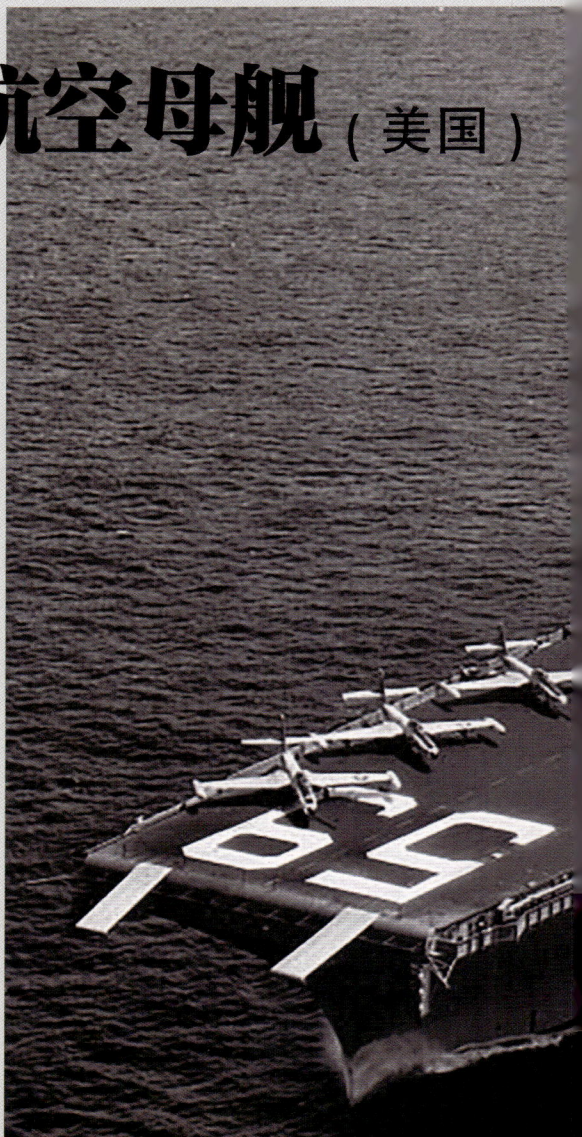

■ 性能特点

福莱斯特级航空母舰采用了美国早年所有的研究成果，做了许多重大改进，主要采用了3项新技术，即斜角飞行甲板、蒸汽弹射器和光学着陆系统，这些创新增加了飞机出动率，显著提高了作战安全性。在武器上，该级航空母舰最初装有8门单管127毫米火炮，改装后加了水面舰艇鱼雷防御系统（SSTDS）、MK36 SRBOC6管电子对抗红外曳光弹等。

相关链接 >>

福莱斯特级是首批配合装备喷气式
飞机而专门设计建造的航空母舰。该级
航空母舰首次采用蒸汽弹射器、斜角直通混合
布置的飞行甲板，从而形成了美国当今航空
母舰的基本模式，美国海军还以该级航空
母舰为基础，改进建造了后来的小鹰级
航空母舰。

▲ 福莱斯特级航空母舰

小鹰级航空母舰（美国）

■ 简要介绍

　　小鹰级航空母舰，是美国海军的一级常规动力航空母舰。20世纪50年代末期，美国海军一方面开始了核动力航空母舰的研制，另一方面继续建造成本较低的福莱斯特级航空母舰。福莱斯特级航空母舰当时被称为"超级航空母舰"，但在前几艘中仍发现了一些不足，缺点日渐显露。1956至1968年期间，建造第5艘福莱斯特级航空母舰时，美国海军开始对其进行大幅度改进，因此将其重新命名为小鹰级航空母舰。

　　1956年12月27日，小鹰级航空母舰首舰"小鹰"号，在纽波特纽斯造船及船坞公司开工建造，1960年5月21日下水，1961年4月29日服役。后续3艘依次为"星座"号、"美国"号、"肯尼迪"号。作为福莱斯特级航空母舰的改进版本，小鹰级航空母舰的主要任务是用舰载机对水面、空中和陆上目标进行攻击。其性能虽不及后来的核动力航空母舰，但也不失为美国海军航空母舰中的骨干力量。

基本参数	
舰长	323.6米
舰宽	39.6米
吃水	11.4米
满载排水量	81780吨
飞行甲板	318.8米×76.8米
航速	32节
续航力	12000海里 / 20节
舰员编制	5480人
动力系统	8台锅炉 4台汽轮机

■ 性能特点

　　小鹰级航空母舰，总体上沿袭了福莱斯特级航空母舰的设计，但甲板面积有所增加，布局也有所改良，在上层建筑、防空武器、电子设备、舰载机配备等方面做了较大改进。武器装备有"小猎犬"防空导弹，后更换为3座八联装MK29"海麻雀"防空导弹，采用半主动雷达制导，3座MK16型密集阵6管20毫米速射炮。

"小鹰"号是以美国北卡罗来纳州的小鹰镇命名的，此地是莱特兄弟首次成功飞行的地方。最初"小鹰"号与"星座"号同期制造，但 1960 年年底"小鹰"号船体发生了一场火灾，损坏严重。为使首舰如期下水服役，便调换了"小鹰"号与"星座"号的船体，因而"小鹰"号可视为它与"星座"号的结合体。

▲ 小鹰级航空母舰

"企业"号（CVN-65）航空母舰（美国）

简要介绍

"企业"号（CVN-65）航空母舰，是美国第一艘核动力航空母舰，是一种多用途超大型航空母舰。

二战结束后，美国为了保持海军优势，实现其全球战略目标，一方面淘汰一批舰龄长、吨位小、性能差的航空母舰，封存或报废大部分战列舰，另一方面着手设计一批载机多、性能好、适应现代海战需要的超大型航空母舰，相继建成了"福莱斯特"号、"萨拉托加"号等大型航空母舰。飞机尺寸、重量和速度的增加，以及燃料耗量极大的喷气推进，对航空母舰提出了更高要求。1950年，经美国"核潜艇之父"里科弗多方游说，美海军作战部长谢尔曼认为美国不仅需要核潜艇，还需要建造一艘核动力航空母舰。

1954年9月30日，美国第一艘核潜艇"鹦鹉螺"号正式服役的消息轰动全球。1956年1月，美国海军正式批准开始核动力航空母舰的研制。1958年2月4日，"企业"号（CVN-65）航空母舰在纽波特纽斯造船及船坞公司开工建造，1960年9月24日下水，1961年11月25日服役，2012年12月1日退役。

基本参数	
舰长	342.3米
舰宽	40.8米
吃水	11.9米
满载排水量	94000吨
飞行甲板	331.6米×76.8米
航速	33节
续航力	400000海里/20节
舰员编制	5695人
动力系统	采用核动力推进

性能特点

"企业"号（CVN-65）航空母舰是美国海军唯一一艘具有8座核反应堆、配置4片方向舵的航空母舰，拥有类似巡洋舰的高速船壳设计，首度采用了核动力推进方式，搭载先进的相控阵雷达技术。为了配合相控阵雷达的安装，"企业"号（CVN-65）还拥有独特的方形舰桥。

相关链接 >>

因为当时核动力技术不成熟，再加上造价超过预期，美国军方被迫取消核动力航空母舰剩余的订单，转而继续建造传统动力的小鹰级航空母舰以替补缺额。在这样的发展背景下，"企业"号（CVN-65）意外地成为一个孤立的舰级。不过，其设计思想对美国第二代核动力航空母舰尼米兹级有着重要的影响。

▲ "企业"号（CVN-65）航空母舰

尼米兹级航空母舰（美国）

■ 简要介绍

尼米兹级航空母舰，是美国海军第二代核动力航空母舰。20世纪60年代，"航母无用论"的争执再起，反航母主义者利用航空母舰平台的局限性和反介入武器，批评航空母舰价值低。1965年，美国国防部与国会再次认识到航空母舰的价值，国防部长罗伯特·麦克纳马拉支持美国海军保有15艘航空母舰，因此，出现了美国第二代核动力航空母舰。

尼米兹级航空母舰的首舰"尼米兹"号于1968年6月由纽波特纽斯造船及船坞公司开工建造，1972年5月下水，1975年5月服役。它搭载的7种不同用途的舰载飞机可以对飞机、船只、潜艇和陆地目标发动攻击，可以支援陆地作战，保护海上舰队，可以在航空母舰周围几百海里的海面上布雷，实施海上封锁，它是美国海军远洋航母战斗群的核心力量之一。

本级航空母舰一共建造了10艘，后续有"艾森豪威尔"号、"卡尔文森"号、"罗斯福"号、"林肯"号、"华盛顿"号、"斯坦尼斯"号、"杜鲁门"号、"里根"号、"布什"号。

基本参数

基本参数	
舰长	332.8米
舰宽	40.8米
吃水	11.3米
满载排水量	101196吨
航速	31.5节
舰员编制	6054人
动力系统	采用核动力推进

■ 性能特点

尼米兹级航母的前两艘，配备3套基本点防御系统（BPDMS），每套由一个MK-25八联装防空导弹发射器以及一个由人工操作的MK-71雷达/光学瞄准平台控制构成；后续舰则改用3套改良型防御导弹系统（IPDMS），包含MK-91火控雷达与MK-29轻量化八联装发射器，并加装4套MK-15近程防御武器系统（CIWS）。

相关链接 >>

尼米兹级航空母舰的命名，源自美国海军名将切斯特·威廉·尼米兹。太平洋战争爆发后，尼米兹担任美国太平洋舰队总司令、太平洋战区盟军总司令等职务，战后担任海军作战部长直至 1947 年退役，1966 年逝世。

▲ 尼米兹级航空母舰

福特级航空母舰（美国）

福特级航空母舰，是美国新建造的超级航空母舰。尼米兹级航空母舰订购首批 3 艘时，美国海军展开了关于尼米兹级之后航空母舰的概念设计方案，称为 CVNX，涵盖小型、中型和大型航空母舰。在第一艘"福特"号正式定名之前，本级航空母舰原本被称为"CVN–21 未来航母计划"，其中"21"意指这是进入 21 世纪之后的第一个航空母舰设计。CVN–21 最初曾有不少十分前卫、超脱现今航空母舰的构型设计，不过考虑到成本、风险与实用性，最后还是选择由小鹰级到尼米兹级一脉相传的美国航空母舰构型进行改良。

本级航空母舰计划在 2058 年之前建造 10 艘，取代尼米兹级航空母舰成为美国海军舰队的新骨干。首舰"福特"号于 2005 年 8 月 11 日开工建造，2013 年 10 月 3 日完成了螺旋桨安装工作，2013 年 10 月 11 日举行船坞进水仪式，2013 年 11 月 9 日正式下水；2017 年 4 月 8 日开始海试，2017 年 7 月 22 日正式进入美国海军服役。截至 2022 年 7 月，已知美国海军已开工建造 6 艘福特级航空母舰，其中 1 艘建成服役，1 艘已下水，另外 4 艘正在建造中。

基本参数	
舰长	337米
舰宽	41米
吃水	12米
满载排水量	112000吨
航速	大于30节
动力系统	采用核动力推进

■ 性能特点

"福特"号航空母舰采用先进的侦测、电子战系统以及自动化指挥系统（C4I）设备（包括 CEC 协同接战能力），以符合美国海军未来 IT–21 联网作战的要求；指挥管制中枢是共同作战指挥系统，能整合舰上一切武器射控功能。防卫武器包括 MK–15 Block 1B 密集阵近程防御武器系统、RAM"公羊"短程防空导弹发射器等。

▲ 福特级航空母舰

相关链接 >>

福特级航空母舰是美国第一种利用计算机辅助工具（CAD）设计的航空母舰。其应用虚拟影像技术，可在设计过程中精确模拟每一个设计细节，并且预先解决相关的布局问题，各部件实际制造的精确度也大幅提高。福特级航空母舰在计算机辅助设计方面的应用和创新不仅提高了设计的精确度和效率还使得航空母舰的作战能力和能源利用效率得到了显著提升。

“竞技神”号航空母舰（英国）

■ 简要介绍

　　“竞技神”号（舷号 95）航空母舰，是英国海军历史上第一艘真正意义的新建航空母舰。1909 年，法国人克雷曼·阿德首次提出了航空母舰的基本概念和建造航空母舰的设想。1910 年 11 月 14 日和 1911 年 1 月 18 日，美国飞行员尤金·伊利先后两次驾驶单人双翼飞机在巡洋舰上成功起飞与降落，奠定了航空母舰作为一种新舰种的技术基础。1916 年，英国人热拉尔·霍尔姆和约翰·比尔斯设计了一型水上飞机母舰，以搭载轮式飞机和水上飞机。之后在 1917 年 4 月的草图设计中，时任英国海军建造主任的埃因库尔·尤斯塔斯将设计放大，同时皇家海军订购了这艘新设计的航空母舰。为纪念第一艘“竞技神”号水上飞机母舰，将这艘新舰也命名为“竞技神”号。

　　“竞技神”号航空母舰于 1918 年开工，1919 年 9 月 11 日下水，1924 年 2 月 18 日服役。1942 年 4 月 9 日，日本空袭预警之后，“竞技神”号正在前往锡兰海岸，在拜蒂克洛岛被日本侦察机发现，遭到 85 架爱知 D3A 俯冲轰炸机和 9 架三菱 A6M 零式战斗机攻击，最终被 37 枚炸弹击中沉没。

基本参数	
舰长	182米
舰宽	27.4米
吃水	6.6米
满载排水量	13200吨
航速	25节
续航力	6000海里 / 18节
舰员编制	1350人
动力系统	6台锅炉 2台汽轮机

■ 性能特点

　　“竞技神”号航空母舰之前的水上飞机母舰，建造时考虑的主要是搭载飞机，很少顾及自身的防御火力问题。“竞技神”号航空母舰则装配了 6 门 140 毫米火炮，既可用于对海射击，又可用于对空射击；最初装备的防空武器是 3 门 102 毫米高射炮，1934 年又增加了 8 门 20 毫米高射炮，应对来自空中的威胁。

▲ "竞技神"号（舷号95）航空母舰

相关链接 >>

　　"竞技神"号航空母舰是英国历史上第一艘专门完全设计、专门建造的"纯种航空母舰"，成了此后各个航空母舰大国建造航空母舰时仿效的样板，具有里程碑意义。虽然其完工服役日期晚于同时期的日本"凤翔"号航空母舰，但因使用了大量现代航空母舰通用的新技术，因此被认为是更接近现代意义的航空母舰。

勇敢级航空母舰（英国）

简要介绍

勇敢级航空母舰，是英国皇家海军于20世纪20年代用一战时建造的勇敢级大型巡洋舰改装而成的航空母舰。早在1912年，英国海军就开始了改装航空母舰的工程。

1924年，皇家海军选中了勇敢级巡洋舰中的1号舰"勇敢"号和2号舰"光荣"号进行改造。"勇敢号"在达文波特船厂完成改装并作为航空母舰重新服役。"光荣"号在达文波特船厂和罗塞斯造船厂被改装为航空母舰，于1934年5月1日至1935年7月23日，被进一步改装并重新服役。

在"皇家方舟"号航空母舰服役前，两艘勇敢级航空母舰是英国皇家海军最先进的航空母舰。它们继承了双层飞行甲板和机库的形态，并再次采用了舰岛，改装后可运载、起降舰载机48架，作为主力航空母舰服役。但在二战期间，两舰先后于1939年9月和1940年6月被击沉。

基本参数

基本参数	
舰长	239.6米
舰宽	27.6米
吃水	7.1米
满载排水量	27000吨
飞行甲板	161.5米×27.9米
航速	29.5节
续航力	5860海里/16节
舰员编制	1100人
动力系统	4台汽轮机 18座锅炉

性能特点

勇敢级航空母舰的双层开放式机库，可容纳飞机48架，最初可搭载"炫耀者"水上侦察机和"骆驼"战斗机，二战中还可以搭载"海喷火"战斗机、"斗士"战斗机、"飓风"战斗机和"剑鱼"攻击机。其防卫武器装备有16座单管120毫米高炮和4座单管40.5毫米/40倍径炮。该级舰安装了大型的防雷凸舱，在水中能承受装药量0.2吨的鱼雷攻击。

▲ 勇敢级航空母舰

相关链接 >>

1940年6月8日傍晚，"光荣"号航空母舰运载着10架"斗士"战斗机、8架"飓风"战斗机和5架"剑鱼"攻击机自纳尔维克向本土撤退时，遭遇德国战列巡洋舰"沙恩霍斯特"号和"格奈森诺"号。由于全部飞机均停放在机库内来不及出动，不幸遭到对手283毫米主炮准确命中而沉没。

"皇家方舟"号航空母舰（英国）

■ 简要介绍

"皇家方舟"号（舷号91）航空母舰，是英国在20世纪30年代建成的航空母舰。20世纪30年代初期，英国拥有6艘航空母舰，5艘是改建而来的，只有"竞技神"号是专门设计的航空母舰，但是它的载机量少、航速较低，无法满足战争需要。为此，英国海军需要一种新型的、专门设计的大型航空母舰。

根据《华盛顿海军条约》，当时英国航空母舰的总吨位上限为135000吨，皇家海军考虑了种种可能，最后确定建造6艘吨位约22000吨的航空母舰。但是当时正值严重经济危机，直到1934年才得到建造经费，英国海军要求该舰成为海上编队的核心打击力量。在这种背景下，第三代英式航空母舰诞生了。

"皇家方舟"号航空母舰于1935年9月16日在卡梅尔·莱特公司位于伯肯黑德的坎贝尔·莱德造船厂开工，1937年4月13日下水，1938年11月16日服役。"皇家方舟"号服役于英国皇家海军后，主要使命是随同主力舰队作战，执行空中护航、对舰攻击、对地攻击、反潜等多种任务，是英国在二战中战功最卓越、最著名的航空母舰。1941年11月14日，不幸被德国U-81潜艇的鱼雷击中而沉没。

基本参数	
舰长	243.8米
舰宽	29米
吃水	7米
满载排水量	27300吨
飞行甲板	219.5米×29米
航速	31.75节
续航力	8775千米/20节
舰员编制	1200人
动力系统	6台锅炉；3台汽轮机

■ 性能特点

"皇家方舟"号航空母舰注重防护力，把飞行甲板设计为强力甲板，整体式舰体结构使全舰的结构受力十分均匀，提高了抗受损能力。其防空火力较强，装备16门45倍口径114.5毫米高平两用炮、48门40毫米速射高射炮、32挺12.7毫米高射机枪。二战爆发后，又加装20挺7.7毫米机枪。其载机量为60架，超过了英国其他同级别的航空母舰。

相关链接 >>

英国海军有多艘用"皇家方舟"命名的军舰。本舰起初命名为"水星"号，但由于第一艘"皇家方舟"号军舰改名为"柏伽索斯"号，所以本舰改称"皇家方舟"号。后续建造的鹰级和无敌级中也有被称为"皇家方舟"号的航空母舰。

▲ "皇家方舟"号（舷号91）航空母舰

光辉级航空母舰（英国）

简要介绍

光辉级（又称"辉煌级""卓越级"）航空母舰，是英国在二战前开始设计的一级新型航空母舰。1936年《华盛顿海军条约》期满失效，英国通过了建造2艘光辉级23000吨级航母的预算，并在1937年计划建造另外2艘同级舰。

1937年年初，首舰"光辉"号和2号舰"胜利"号分别在维克斯－阿姆斯特朗集团（后多次更名）的造船厂和沃尔森德船厂开工。"光辉"号于1939年下水，1940年5月25日完工；"胜利"号于1939年9月14日下水，1941年5月29日完工。另外2艘"可畏"号和"不屈"号均于1939年动工，"可畏"号于1940年11月24日完工；改进型"不屈"号于1940年3月26日下水，1941年10月1日完工。服役英国海军后，它们分别部署于本土、地中海和太平洋，参加过袭击意大利海军基地、东印度群岛作战等，于20世纪50年代先后退役。

基本参数

基本参数	
舰长	230.88米
舰宽	29.23米
吃水	8.96米
满载排水量	29700吨
飞行甲板	229.2米×35.44米
航速	30.5节
续航力	11000海里/14节
舰员编制	海员1300人 空勤人员700人
动力系统	6台锅炉 3台汽轮机

性能特点

光辉级航空母舰的最大特点是采用了独特的装甲飞行甲板，能抵御0.45吨炸弹的攻击。为了提高防空能力，该级舰飞行甲板四角各配置2座双联装炮塔，共8座16门114毫米高炮，6座八联装2磅口径砰砰炮，20门"博福斯"40毫米高炮，45门"厄利孔"20毫米高炮，以及79Z型对空警戒雷达。舰载机包括"剑鱼"攻击机、贼鸥式战斗轰炸机、管鼻燕式舰载战斗机和"飓风"战斗机。

▲ 光辉级航空母舰

相关链接 >>

《华盛顿海军条约》期满失效后，各国海军展开了新一轮军备竞赛，美国的约克城级、日本的翔鹤级、英国的光辉级航空母舰均是这一时期的杰作。英国皇家海军在建造4艘光辉级航空母舰后，原计划再建2艘，但因技术原因撤销。后又建造了2艘怨仇级航空母舰。

无敌级航空母舰（英国）

■ 简要介绍

无敌级航空母舰是英国皇家海军的一型重要战舰，其首舰"无敌"号更是该级航空母舰的标志性存在。该级航空母舰设计于20世纪70年代，旨在应对冷战时期苏联核潜艇的威胁，并作为皇家海军舰队的重要补充力量。

无敌级航空母舰采用了全通甲板构型，舰体相对吃水浅而干舷高，具备出色的适航性和稳定性。该级舰动力系统的总功率强大，能够确保以最大航速航行。舰载武器方面，无敌级航空母舰搭载了多种先进的防空、反潜武器，包括海标枪舰对空导弹发射装置、密集阵速射炮等，以及多型直升机和海鹞垂直/短距起降战斗机，形成了强大的海空立体作战能力。

1973年，无敌级航空母舰终于被批准建造。为避免拖延再生变故，当年4月17日海军部就和维克斯有限公司造船集团签订了首舰订购合约。1973年7月20日，首舰"无敌"号正式在英国维克斯有限公司造船集团开工建造，于1977年下水，1980年服役。

基本参数	
舰长	209.1米
舰宽	36米
吃水	8米
满载排水量	20600吨
飞行甲板	167.8米×13.5米
航速	28节
续航力	7000海里/19节
舰员编制	舰员685人；航空人员366人；可载皇家海军陆战队员600~800人
动力系统	燃气轮机联合动力系统（COGAG）4台燃气轮机

■ 性能特点

无敌级航空母舰安装了具有复杂电子控制系统的现代制导武器，代替了过去相对简单而笨重的火炮系统，以先进电子设备和指挥控制系统安装为重点；使用燃气轮机代替笨重的汽轮机作为主动力装置；其飞行甲板的长度能保证6架直升机无障碍起降。

相关链接 >>

无敌级航母由于种种设计改进，舰体结构重量减轻，形成新的"小型航空母舰"概念。实战表明，该级舰具有作战灵活性和一定的制海能力，除了担负舰队防空、对地武力投送、反舰与反潜作战之外，还可作为海军陆战队的搭载母舰，被公认为现代轻型航空母舰的样板，开创了航空母舰发展新道路。

▲ 无敌级航空母舰

伊丽莎白女王级航空母舰（英国）

■ 简要介绍

伊丽莎白女王级航空母舰，是英国皇家海军建造的采用传统动力、短距滑跃起飞并垂直降落的双舰岛多用途航空母舰。1982 年，英国和阿根廷之间爆发了马岛战争，此时英国皇家海军仅有"无敌"号和"竞技神"号航空母舰。面对阿根廷空军超百架岸基飞机的威胁，英国远征舰队仅靠这两艘轻型航空母舰为舰队提供防空掩护，经常处于被动迎战状态，这使英国海军有了发展新一代航空母舰的愿望。

1994 年，英国开展了新一代航空母舰的初期评估研究。1999 年 1 月，英国新一代航空母舰正式启动，计划名称为"未来航空母舰"（CVF）。经过招标，2003 年 1 月 30 日，英国国防大臣宣布泰雷兹集团的航空母舰设计方案胜出。其设计与建造由贝宜系统公司和泰雷兹集团负责，两支团队都是跨国集团，因此建造工作在不同的地点甚至是不同的国家进行。

2002 年 9 月，英国宣布即将建造的 CVF 大型常规动力航空母舰为"伊丽莎白女王"级航空母舰，计划建造 2 艘，首舰"伊丽莎白女王"号于 2009 年 7 月 7 日开工，2014 年 7 月 4 日下水，2017 年 12 月 7 日服役。2 号舰"威尔士亲王"号于 2011 年 5 月开工，2017 年 12 月 21 日下水。

基本参数	
舰长	280 米
舰宽	73 米
吃水	11 米
满载排水量	65000吨
航速	25 节
续航力	10000 海里 / 18 节
舰员编制	1600 人
动力系统	2 台燃气涡轮机 4 台柴油机

■ 性能特点

伊丽莎白女王级航空母舰采用了军舰前后两个岛式上层建筑的独特外观，使用燃气轮机和全电驱动，即采用综合电力推进系统（IFEP）。该舰的单舰点防御自卫武器包括美制 MK-15 Block 1B 密集阵近程防御武器系统和 DS30B 型 30 毫米舰炮。

▲ 伊丽莎白女王级航空母舰

相关链接 >>

伊丽莎白女王级航空母舰排水量为65000吨，是一艘吨位较大的"短距起飞、垂直降落"型航空母舰。第一次世界大战前，英国曾以"伊丽莎白一世"来命名当时英国最强大的战列舰；"伊丽莎白女王"号航空母舰则是英国首次用王室名字命名的航空母舰，标志着英国海军进入了历史新阶段。

"凤翔"号航空母舰（日本）

■ 简要介绍

"凤翔"号航空母舰，是日本海军一战后建成的日本第一艘航空母舰。1918 年，英国皇家海军开工建造"竞技神"号航空母舰。日本马上意识到建造航空母舰的重要性，随即日本海军"八六舰队计划"便通过了航空母舰的建造预算规划。

"凤翔"号航空母舰于 1919 年 12 月 16 日在横须贺海军造船厂开工，1921 年 11 月 13 日下水，1922 年 12 月 22 日服役。

"凤翔"号服役初期主要供训练使用。二战中，它主要承担训练任务。1943~1944 年进行第二次改装后，因过度延长飞行甲板而影响了"凤翔"号的航海性能，其只能作为训练舰在内海航行，但也因此成为日本战败投降后唯——艘没有受损的航空母舰。1946 年 9 月至 1947 年 5 月 1 日，"凤翔"号被日立造船筑港工厂解体。

基本参数	
舰长	179.5米
舰宽	18米
吃水	5.3米
满载排水量	10500吨
飞行甲板	168.25米×22.7米
航速	25节
续航力	10000海里 / 14节
舰员编制	550人
动力系统	4台重油锅炉 4台油煤混烧式锅炉 2台汽轮机

■ 性能特点

"凤翔"号航空母舰采用无装甲设计，具有全通式的飞行甲板和前后两个机库。它打破了第一代航母的"平原型"结构，在飞行甲板右舷设置了一个小型岛式舰桥。装备有 4 门 50 倍径三年式 140 毫米单装舰炮，2 座 40 倍径三年式高射炮。后来加装 6 门 130 毫米九三式机枪，4 座双联装九六式机枪，10 座三联装九六式机枪。

相关链接 >>

　　"凤翔"号航空母舰是在各国航空母舰建造竞赛中，以航空母舰标准设计建造并最先完工服役的航空母舰。"凤翔"号航空母舰不仅为日本之后建造航空母舰、航空母舰战术和甲板飞行训练积累了经验，而且其全通式飞行甲板、岛式上层建筑结构，也成为各国航空母舰的样板。

▲ "凤翔"号航空母舰

"赤城"号航空母舰 (日本)

■ 简要介绍

"赤城"号航空母舰，是日本天城级重型航空母舰的 2 号舰，也是日本第一艘大型航空母舰。"赤城"号最初作为天城级战列巡洋舰的 2 号舰于 1920 年 12 月 6 日在吴港海军船厂开工建造。由于 1922 年《华盛顿海军条约》的签订，天城级战列巡洋舰的 1 号舰"天城"号、2 号舰"赤城"号被改建成航空母舰，3 号舰、4 号舰则被拆除。后因 1923 年日本关东大地震，"天城"号舰体彻底被破坏，故该级航空母舰只建成"赤城"号 1 艘，也可以称为赤城级。该舰的舰名取自日本关东北部的赤城山。

1925 年 4 月 22 日，"赤城"号航空母舰最终定型，于 1927 年 3 月 25 日完工，1927 年 3 月 27 日服役。二战中，"赤城"号活跃在太平洋战场上，从初战的偷袭珍珠港开始，直到最后在中途岛海战被美国海军"企业"号（CV-6）击伤，并于 1942 年 6 月 6 日被鱼雷击沉。

基本参数	
舰长	260.67米
舰宽	31.32米
吃水	8.71米
满载排水量	41300吨
飞行甲板	249.17米×30.5米
航速	31.2节
续航力	8200海里/16节
舰员编制	1630人
动力系统	19台专烧/混烧锅炉 4台汽轮机

■ 性能特点

"赤城"号航空母舰从战列巡洋舰改为航空母舰时，主甲板以上全部重新建造，设有双层机库。最初安装的三段飞行甲板呈阶梯状，分为 3 层，中、下两层与双层机库相接，可供飞机直接从机库起飞，中层甲板供小型飞机起飞，下层甲板较长，供大型飞机起飞。武装方面安装 10 门 200 毫米口径火炮，用来打击巡洋舰等水面目标。

▲ 1927 年 6 月 27 日，"赤城"号在进行海试，可见到其三段飞行甲板的设计和横卧式烟囱

相关链接 >>

　　1941 年 12 月 6 日，由 6 艘航空母舰组成的日本航空母舰编队到达了偷袭珍珠港的预定海域，编队的旗舰就是"赤城"号航空母舰。7 日早晨，日本战斗机、轰炸机、鱼雷攻击机分别从 6 艘航空母舰起飞直扑珍珠港，使得美国太平洋舰队几乎全军覆灭。

"加贺"号航空母舰（日本）

■ 简要介绍

"加贺"号航空母舰，是日本海军用战列舰改装设计而成的航空母舰。1920年7月，"加贺"号战列舰作为"八八舰队计划"的一部分由神户川崎船厂开工建造，于1921年11月17日下水。由于1922年签订的《华盛顿海军条约》的限制规定，日本决定将天城级战斗巡洋舰改装为航空母舰，加贺级战列舰因舰体设计较为粗短不适合改装，而被列入废舰的行列，于1922年停工，计划解体。1923年日本发生关东大地震，在船厂的"天城"号因地震震落船台、龙骨扭曲而报废。日本遂用原定停建销毁的"加贺"号战列舰接替"天城"号，将其改造为航空母舰。

"加贺"号的舰体仍在神户川崎造船厂继续建造，于1923年12月13日改由横须贺海军工厂负责改造成航空母舰的工作，最后于1928年3月31日完工，编入横须贺镇守府服役，与"赤城"号一同编为第一航空战队。1934年6月至1935年10月，"加贺"号进行现代化改装。该舰后来参加过偷袭珍珠港，在中途岛海战中被美军击沉。

基本参数（建成时）	
舰长	238.5米
舰宽	29.6米
吃水	8米
满载排水量	43600吨
飞行甲板	171.2米×30.5米
航速	27.5节
续航力	8000海里/14节
舰员编制	1263人
动力系统	12座锅炉 4台汽轮机

■ 性能特点

"加贺"号航空母舰采用双层机库和三层飞行甲板的三段式构造。三段式的想法是将起飞、降落的空间隔开，借此提高出击及回收效率。该舰由战列舰改装成航空母舰后重量减轻，因此速度提高到27.5节。经现代化改装后，武器换为新级127毫米双联装高射炮，200毫米主炮则维持10门，在火力上居当时日本航空母舰的首位。

相关链接 >>

　　"加贺"号航空母舰的命名，源自日本古代藩国名，即位于北陆道的加贺国，这与大部分使用飞翔的动物命名的其他日本海军航空母舰不同，主要是因为"加贺"号在开工建造时是一艘战列舰，在建造中途改建为航空母舰，却没有改名而沿用原本的战列舰命名。

▲ 改装前的"加贺"号航空母舰

"苍龙"号航空母舰（日本）

简要介绍

"苍龙"号航空母舰，是日本海军于20世纪30年代中期设计建造的日本第一艘中型航空母舰。日本海军在完成航空母舰"凤翔"号之后，又分别用战列舰、战列巡洋舰改造出航空母舰"加贺"号与"赤城"号，并有小型航空母舰"龙骧"号的建造计划。在《华盛顿海军条约》的限制下，当时的日本海军航空母舰保有允许量只剩下21000吨。1932年，日本听闻美国海军提出了将重巡洋舰和航空母舰混合的航空巡洋舰计划，也相应提出了所谓的G6计划，1934年又在G6基础上推出G8计划，计划中的"苍龙"号航空巡洋舰更加接近航空母舰。在即将开工之前，发生了日本帝国海军史上有名的"友鹤事件"，导致苍龙级战舰的设计方案再一次被修改，最终被定为纯正的航空母舰。

1934年11月20日，"苍龙"号航空母舰由吴港海军船厂开工建造，于1937年12月29日完工服役。1942年6月的中途岛海战中，"苍龙"号遭到美国海军"约克城"号航空母舰的俯冲轰炸机攻击，被3枚炸弹命中起火，随后沉没。

基本参数	
舰长	227.5米
舰宽	21.3米
满载排水量	18448吨
飞行甲板	216.9米×26米
航速	34.5节
舰载机	63架（最多可达71架）
舰员编制	1100人
动力系统	8座锅炉 4台汽轮机

性能特点

"苍龙"号航空母舰的排水量只有"赤城"号、"加贺"号的一半左右，但是却拥有更快的速度，创下了日本海军航空母舰史上的纪录。该舰常规载机63架，对空火力为6座双联装127毫米高炮。该舰首次采用的装置还包括舰艉着舰标识、阻拦索等，这些都成为日后日本帝国海军其他正规航空母舰的标准装备。

相关链接 >>

"苍龙"号于1937年12月服役。1942年在中途岛海战中由于密码遭美国破译,美军集中全力朝"苍龙"号发动猛烈攻势。3枚直击弹命中"苍龙"号的飞行甲板,爆炸连续引爆了停在甲板上的战机和堆积着的炸弹鱼雷,全舰陷入一片大火,焚烧了8个半小时后沉没。

▲ "苍龙"号上搭载的九九式舰上轰炸机

"飞龙"号航空母舰 （日本）

■ 简要介绍

日本海军"飞龙"号航空母舰，与"苍龙"号一样，属于第二次船舰补充计划中建造的舰艇，原本是设计成跟"苍龙"号相同的2号同型舰，二者应该同属于苍龙级。苍龙级航空母舰最初的设计是装备重炮的大型航空母舰，但随着舰载机性能的不断提升，航空母舰需要尽可能搭载更多的飞机。同时由于《华盛顿海军条约》对航空母舰总吨位的限制，日本海军改变了航空母舰搭载重炮的设计习惯，改为专门搭载飞机。1934年的"友鹤事件"以及次年的"第四舰队事件"，令日本海军意识到忽视舰船复原性及结构强度的巨大风险，遂对"飞龙"号的设计做了调整，有更多的设计变化，最后"飞龙"与"苍龙"的舰型已相差甚远，于是便独立成为飞龙级航空母舰。

"飞龙"号航空母舰于1936年7月8日由横须贺海军船厂开工建造，于1939年7月5日完工服役，与"苍龙"号共同编为第二航空战队。"飞龙"号在太平洋战争中参与偷袭珍珠港、威克岛的作战，于1942年6月被美国轰炸机群摧毁，沉没于太平洋。

基本参数	
舰长	227.35米
舰宽	22.32米
满载排水量	21900吨
飞行甲板	216.9米×27米
航速	34.3节
舰载机	58~64架（最多可达71架）
舰员编制	1101人
动力系统	8座锅炉 4台汽轮机

■ 性能特点

与"苍龙"号比，"飞龙"号加强了舰体结构强度，大大提高了舰艏干舷，岛式上层建筑由"苍龙"号的右舷改到了左舷。两艘姊妹舰并行时，两舰降落的飞机在上空整理队形，以保证返航准备降落时不会发生空中交通冲突。另外，该舰改进了装甲防护，标准排水量增加了2000吨，航速达到34.3节。

▲ 中途岛海战中被美军轰炸机击中的"飞龙"号

相关链接 >>

　　"友鹤事件"是指1934年3月初"友鹤"号水雷艇在训练中因海上巨浪而翻覆，导致72人死亡，28人失踪。在此之前，日本海军为了在条约限制下建造更多战舰，航空母舰、巡洋舰和驱逐舰因武器装备过重而头重脚轻且机构强度不足。此后，日本海军吸取教训，调整武器装备，并从先进快速的电焊法回归到较传统而缓慢的铆接法。

"信浓"号航空母舰（日本）

■ 简要介绍

　　"信浓"号是日本于二战期间由大和级战列舰的第三艘改建而成的大型舰队航空母舰。1936年，日本退出伦敦海军限制军备的谈判。1937年，日本海军制订了"03舰艇补充计划"，确定建造2艘大和级战列舰。后来又根据"04舰艇补充计划"开工建造了大和级战列舰（改进型）的3号舰（110号舰）、4号舰（111号舰）。

　　4号舰建造过程中太平洋战争爆发，这时战机对战舰的优势完全显现，但日本因为资源不足而取消建造计划。1942年6月，日本海军由于中途岛海战的惨败，损失了4艘主力航空母舰，为及时补充航空母舰的战力，日本除加速建造航空母舰外，已经完成50%的大和级战列舰4号舰船壳，也被海军列入改装航空母舰工程，并取名为"信浓"号。"信浓"号于1944年10月8日下水。在服役后的第一次正式出航中，该舰仅仅航行了17个小时便被美军潜艇发射的4枚鱼雷击沉，创造了短命航空母舰的纪录。

基本参数	
舰长	266.6米
舰宽	36.3～38.9米
吃水	10.31米
满载排水量	72890吨
飞行甲板	（256～266米）×36.3米
航速	27节
续航力	10000海里/18节
舰员编制	2400人
动力系统	8座锅炉 4台汽轮机

■ 性能特点

　　"信浓"号的续航力超过大和级的前两艘战列舰很多，在18节航速下可达10000海里。为了有效防御高空和俯冲轰炸，"信浓"号的飞行甲板铺装了甲板装甲。舰载火炮主要用于防空自卫，"信浓"号配有双联装127毫米大口径的高平炮8座，还有三联25毫米小口径高射炮37座，单管25毫米炮12座。

▲ 击沉"信浓"号的美国"射水鱼"号潜艇

相关链接 >>

　　在"信浓"号建造之初，日本海军并没有打算把它建造成航空母舰。当时日本的航空母舰损失殆尽，海军突发奇想，将"信浓"号按照航空母舰改造。半路变身的"信浓"号虽然看起来规模庞大，但却是个漏洞百出的"豆腐渣"工程，这应该是"信浓"号出海首战就被击沉的最重要原因。

1123 型莫斯科级航空母舰（苏联）

■ 简要介绍

　　1123 型莫斯科级航空母舰，作为苏联海军历史上的重要里程碑，是苏联第一代直升机母舰的代表作。1123 型莫斯科级航空母舰的研制始于 20 世纪 50 年代末至 60 年代初。这一时期，美国海军在地中海部署了多艘携带"北极星"弹道导弹的核潜艇，对苏联构成了严重威胁。在此背景下，时任苏联海军总司令的戈尔什科夫元帅提出了建造反潜巡洋舰的构想，并最终定名为 1123 型。

　　1123 型莫斯科级航空母舰采用法国和意大利首先开创的混合式舰型设计，舰体前半部为典型的巡洋舰布置，后半部则为宽敞的直升机飞行甲板。这种设计既保证了舰艇的火力配置，又满足了直升机起降的需求。首舰"莫斯科"号于 1962 年 12 月在尼古拉耶夫造船厂开工建造，1965 年 1 月下水，1968 年 1 月正式服役。2 号舰"列宁格勒"号（后更名为"圣彼得堡"号）也于同年开工建造，并于 1969 年服役。

基本参数	
舰长	189米
舰宽	23米
吃水	7.6米
满载排水量	17500吨
飞行甲板	81米×34米
航速	29节
续航力	14000海里／12节
舰员编制	850人
动力系统	2台汽轮机 4台锅炉

■ 性能特点

　　1123 型莫斯科级航空母舰的前甲板布满反潜武器。舰艏有 2 具 RBU6000 型 12 管反潜火箭发射器，其后为 1 具 SUW-N-1 型反潜导弹发射器，再后为 2 具 SA-N-3 型防空导弹发射器，舰桥两侧另有两座 AK-257 型 57 毫米两用炮，还有 2 座五联装 533 毫米鱼雷发射管。该级舰共搭载 14 架卡 -25 反潜直升机，亦可搭载 Mi-14 薄雾 B 式扫雷直升机。

相关链接 >>

1123 型莫斯科级航空母舰在服役期间多次参与地中海和大西洋的军事行动，为苏联海军的远洋作战能力提供了有力支持。然而，随着苏联的解体和海军战略的调整，这两艘舰艇逐渐失去了原有的地位和作用。最终，"莫斯科"号和"圣彼得堡"号分别于 1996 年和 1991 年退役，并被拆解出售。

▲ 1123 型莫斯科级航空母舰

1143 型基辅级航空母舰（苏联／俄罗斯）

■ 简要介绍

1143 型基辅级航空母舰是苏联在 20 世纪 70 年代建造的一型小（轻）型航空母舰，也是苏联海军发展的第二代航空母舰和第一级搭载固定翼舰载机的航空母舰。苏联称其为"重型载机巡洋舰"或"重型反潜巡洋舰"，中文常称为"基辅级"。该型航空母舰的武器系统装备了反舰、防空、全方位反潜等多种舰载武器，具备强大的火力打击能力。

1970 年 7 月 21 日，首舰"基辅"号在尼古拉耶夫造船厂开工建造，于 1972 年 12 月 26 日下水，1977 年 2 月移交苏联海军，作为北方舰队旗舰。

该型航空母舰共建成服役 4 艘，分别为"基辅"号、"明斯克"号、"新罗西斯克"号和经过现代化改装的"戈尔什科夫"号（后更名为"维克拉玛蒂亚"号，在印度海军服役）。

苏联解体后，由俄罗斯继承"基辅"号，但由于苏联解体使俄罗斯经济实力不足，最终"基辅"号于 1993 年 6 月 30 日正式退役。

基本参数	
舰长	273.1米
舰宽	47.2米
吃水深度	11.05米
满载排水量	41300吨
飞行甲板	195米×20.7米
航速	32节
续航力	4500海里／31节
舰员编制	1200人（未搭载航空人员）
动力系统	4台汽轮机 8台增压锅炉

■ 性能特点

1143 型基辅级航空母舰搭载短距／垂直起降战斗机，集重武装和舰载机作战于一身。除了密集的雷达预警系统外，该型舰还拥有 SS-N-12 反舰导弹、SA-N-4 防空导弹、AK726 型 76.2 毫米舰炮、"十字剑" SA-N-9 舰空导弹等众多舰载武器，具有很强的独立作战能力。

相关链接 >>

1143 型基辅级航空母舰的主要使命是执行编队反潜和制空、防空任务，担任编队指挥舰，实施空中侦察和警戒，攻击对方航空母舰编队和水面舰艇，并为其他水面舰艇和潜艇提供反舰导弹超视攻击、中继制导或目标指示，支援两栖作战，实施垂直登陆等。

▲ 1143 型基辅级航空母舰

1143.5 型库兹涅佐夫级航空母舰 （苏联／俄罗其

■ 简要介绍

　　1143.5 型库兹涅佐夫级航空母舰，是苏联于 1977 年开始研制的常规动力滑跃式航空母舰，也是苏联海军建造的第三代航空母舰，更是苏联第一型真正意义上的航空母舰。1969 年，苏联海军提出要在 1973 年至 1986 年之间建造 3 艘大型载机巡洋舰，于是涅夫斯基工程设计局开始进行项目论证，先后提出了 8 种构型，以 80000 吨级 1160 核动力载机巡洋舰最为完善，但由于苏 -27 战斗机进展缓慢而被叫停。1977 年 11 月，海军总司令戈尔什科夫指示涅瓦设计局制订新的 1143.5 型航空母舰设计方案，该方案于 1982 年终获通过。

　　该型航空母舰原计划建造 2 艘。首舰"库兹涅佐夫"号于 1982 年 4 月 1 日在苏联尼古拉耶夫造船厂开工建造，于 1985 年 12 月 4 日下水，1991 年 1 月 21 日服役，之后一直部署于俄罗斯海军北方舰队，是俄罗斯海军的主力舰艇。

基本参数	
舰长	306.5米
舰宽	72米
吃水深度	10.5米
满载排水量	67500吨
飞行甲板	305米×70米
航速	30节
续航力	8500海里／18节
舰员编制	2000人
动力系统	8座增压锅炉 4台汽轮机

■ 性能特点

　　1143.5 型库兹涅佐夫级航空母舰的防御火力超过美国尼米兹级航空母舰。该型舰除舰载机外，还拥有大量的武器装备，SS-N-19 垂直发射反舰导弹可通过卫星接收目标信息，实施超视距打击，最大射程可达 550 千米。而其"天空哨兵"多功能相控阵雷达与美国"宙斯盾"极为相似，具有跟踪精度高、抗干扰能力强、可靠性高等优点。

▲ 1143.5 型库兹涅佐夫级航空母舰上的舰载机

相关链接 >>

　　1143.5 型的首舰在建造中先后有过多个名称,如"苏联"号、"克里姆林宫"号、"勃列日涅夫"号和"第比利斯"号,最后定名为"库兹涅佐夫"号,源自苏联航空母舰的积极倡导者、担任过苏联海军总司令的尼古拉·格拉西莫维奇·库兹涅佐夫。

"戴高乐"号航空母舰（法国）

■ 简要介绍

"戴高乐"号航空母舰是法国第一艘核动力航空母舰。20世纪70年代末期，法国海军着手规划一种新型核动力航空母舰，以接替从1963年开始服役的2艘克莱蒙梭级航空母舰。受到英国同时期正在规划、建造无敌级航空母舰的影响，法国海军在1975年提出名为PA-75的20000吨级轻型核动力航空母舰方案。此方案提出后，遭到主张发展大甲板传统起降航空母舰的海军高层人士的猛烈批评；经过多次修改后，最终还是采用传统起降设计。1980年，法国海军正式确定建造核动力航空母舰，但建造工作由于法国政府的改选而一再延后，直到1986年2月，法国国防部长才签署了"戴高乐"号航空母舰的建造命令。在法国武器装备、技术部门以及法国原子能委员会的协助下，法国船舶建造局终于完成了该舰的设计工作，并在1987年11月24日切割第一块钢板，1989年4月安放龙骨，在船坞内开始组装，1994年5月下水。原计划在1996年服役，实际上到了1999年才正式服役。如今它是法国海军现役的唯一航空母舰，亦为法国海军旗舰。

基本参数	
舰长	261.5米（甲板）
舰宽	64.36米（甲板）
吃水	9.43米
满载排水量	42500吨
航速	27节
舰载机	40架各型飞机
舰员编制	1750人
动力系统	2座压水式核反应炉 4台柴油机

■ 性能特点

"戴高乐"号新型核动力航空母舰满载排水量40000多吨，几乎是法国海军所能负担的极限。该舰在武器装备方面与西方传统起降航空母舰相同，只配备短程防空自卫武器，最主要的装备是由"阿拉贝尔"相控阵雷达以及垂直发射Aster-15短程防空导弹组成的舰载反导系统（SAAM/F）。

相关链接 >>

"戴高乐"号航空母舰是法国海军历史上拥有的第十艘航空母舰，其命名源自法国著名的军事将领与政治家夏尔·戴高乐。"戴高乐"号航空母舰标志着法国建立起完整的国防工业研发体系，绝大多数关键性武器都实现了自主研发、生产。

▲ 一架"阵风 M"战斗机正准备从"戴高乐"号航空母舰上起飞

"加里波第"号航空母舰（意大利）

■ 简要介绍

"加里波第"号航空母舰是意大利第一艘小（轻）型航空母舰。二战前的意大利始终拒绝发展航空母舰；二战后由于国力日衰，有心无力。直到20世纪70年代中期，苏联舰队频频出现在地中海，意大利感受到了威胁，于是在1975~1984年的"十年海军规划"中，海军首次提出建造1艘载机巡洋舰。1977年11月，意大利海军同意大利造船集团签订了一项设计1092型直升机母舰的合同。1984年12月，新舰开始海上试验，舰名源于意大利名将朱塞佩·加里波第，定为"加里波第"号。"加里波第"号于1985年9月30日服役，1986年11月到1987年3月间进行改装，适合使用"海鹞"飞机，并于1987年8月正式作为航空母舰服役。

二战后，战后条约禁止意大利拥有航空母舰，因此"加里波第"号服役初期除了少数北约联合演习的场合曾有英国皇家空军所属的海猎鹰式战机起降过外，本舰仅配有直升机武力而被归类为航空巡洋舰。1989年禁令解除，"加里波第"号开始配有自己的海猎鹰机队。1990年，意大利海军订购了12架装有APG-65型雷达的AV-8B型飞机。

基本参数

舰长	180米
舰宽	33.4米
吃水	6.7米
满载排水量	13370吨
飞行甲板	173.8米×30.4米
航速	30节
续航力	7000海里/20节
舰员编制	550人
动力系统	4台燃气轮机 6台柴油发电机

■ 性能特点

"加里波第"号与英国无敌级轻型航空母舰外形大致相同，排水量只有后者的2/3左右。该舰吨位虽小，但经过周密细致的设计，却可载16~18架飞机。舰上武器配置齐全，反舰、防空及反潜三者攻防兼备；动力采用体积小、重量轻、功率大、启动快、操纵灵活的燃气轮机，使航速达30节，而且机动性强，从静止状态到全功率状态只需3分钟。

相关链接 >>

"加里波第"号虽为轻型航空母舰，但其搭载飞机的能力和反潜、反舰、防空作战的能力都较强。该舰的主要任务是在地中海执行警戒巡逻，扼守和保卫直布罗陀海峡通道，单独或率领特混编队进行反潜、防空和反舰任务，掩护和支援两栖攻击，为运输船队护航等。

▲ "加里波第"号航空母舰

"加富尔"号航空母舰（意大利）

■ 简要介绍

"加富尔"号航空母舰是意大利在 21 世纪建成的一艘新航空母舰。意大利海军从 1996 年 11 月就开始建造新一代的轻型短距起降航空母舰，要求新航空母舰除了具备"加里波第"号航空母舰的正规反潜、空中突击作战能力之外，还要能支援两栖作战以及多元的人道维和以及救灾工作，因此需要具备两栖作战指挥能力，搭载与装卸物资、车辆、兵力的功能，同时还要具备医疗设施与收容难民的能力。由于意大利海军的要求十分严苛，厂商与军方历经漫长而艰辛的讨论，新航空母舰的基本设计耗费近两年才得以完成。

2000 年 11 月 22 日，意大利海军与芬坎提尼公司签下 3 个合约，包括舰体建造、组装、战斗系统整合等，总值 12 亿美元。建造工作由芬坎提尼公司旗下的里瓦·特里戈索和穆吉亚诺船坞负责，其中里瓦·特里戈索负责舰体中段与尾段的建造，穆吉亚诺则负责舰艏的部分，所有船段最后在穆吉亚诺完成总装。

"加富尔"号航空母舰于 2001 年 7 月 17 日动工开建，2004 年 7 月 20 日下水，2008 年 3 月 27 日服役。

基本参数	
舰长	235.6米
舰宽	39米
吃水	7.5米
满载排水量	27100吨
航速	29节
续航力	7000海里 / 16节
舰员编制	1271人
动力系统	复合燃气涡轮与燃气涡轮系统 4台燃气轮机

■ 性能特点

"加富尔"号拥有完善的探测与作战系统，应用地平线级驱逐舰所发展的软硬件。其最重要的防空自卫装备是短程防空导弹系统（SAAM/I），"埃姆帕"多功能 3D 相控阵雷达采用 G/C 频操作，最大探测距离约 180 千米，可同时探测 300 个目标，追踪其中 50 个目标，同时导引 24 枚紫菀 –15 防空导弹，接战 12 个最具威胁性的目标。

相关链接 >>

"加富尔"号航空母舰兼具轻型航空母舰与两栖运输舰功能的弹性设计，能配合地平线级驱逐舰和欧洲多任务护卫舰组成颇具欧洲特色的海上远洋舰队，是意大利海军的核心和主力。未来这类拥有两栖因素的轻型航空母舰将越来越多，以应对国际局势的转变。

▲ "加富尔"号航空母舰舰岛后方的舷侧升降机

"差克里·纳吕贝特"号航空母舰（泰国）

■ 简要介绍

"差克里·纳吕贝特"号航空母舰是泰国第一艘航空母舰。1989年，强台风席卷泰国南部，大量渔船沉没，沿岸民房倒塌，虽经海军全力援救，终因舰艇能力有限损失严重。泰国海军从自身担负的使命和任务出发，提出当时如能使用舰载直升机及时进行抢救当最为理想，要求建造一型直升机海上机动平台。泰国随即表示了这一意向，立刻收到了多国推荐方案以及报价。1992年3月，泰国海军与西班牙的巴赞造船公司签约，订购1艘能载直升机和鹞式战斗机的小型航空母舰，合约金额为3.6亿美元。

1994年，"差克里·纳吕贝特"号航空母舰由巴赞造船公司的法罗船厂开工建造，于1996年1月20日下水，1997年3月20日移交泰国。泰国国王将这艘轻型航空母舰命名为"差克里·纳吕贝特"号，而"差克里"是曼谷王朝开国国王的名字。1998年，本舰正式被泰国海军投入使用。

基本参数

舰长	182.6米
舰宽	22.5米
吃水	6.25米
满载排水量	11450吨
飞行甲板	174.6米×27.5米
航速	26节
续航力	10000海里/12节
舰员编制	601人
动力系统	2台燃气轮机 2台柴油机

■ 性能特点

"差克里·纳吕贝特"号航空母舰的战斗系统由西班牙巴赞造船公司负责整合，设有7具操控台以及1具辅助操控台。自卫武器包括：1套八联装MK-41垂直发射系统，能发射RIM-7"海麻雀"近程防空导弹；3套萨德拉尔六联装防空导弹系统，能发射西北风近程防空导弹；4套MK-15密集阵近迫武器系统，2座30毫米机炮。

相关链接 >>

　　"差克里·纳吕贝特"号航空母舰的服役，使泰国海军在战时具备了可以随时出动的前进基地，在平时的海上救援行动中也有了一个理想的指挥控制、通信中心，因而泰国海军的地位得以提高。

▲ "差克里·纳吕贝特"号航空母舰

两栖攻击舰

　　美国建造第一代两栖攻击舰是在 20 世纪 60 年代，名为硫黄岛级，首舰于 1961 年正式服役。20 世纪 70 年代，英国"赫姆斯"号两栖攻击舰服役，当时由航空母舰改装而成，能载直升机 20 架。美国第二代两栖攻击舰首舰"塔拉瓦"号，于 1976 年建成服役。到了 20 世纪 80 年代中期，美国开始研制第三代黄蜂级多用途两栖攻击舰，首舰"黄蜂"号于 1989 年建成服役。

　　两栖攻击舰又称两栖突击舰，两栖就是既能够搭载飞机和运输坦克，又能装载登陆部队等陆战力量，因此两栖攻击舰的内部设计与航空母舰不同。两栖攻击舰是在沿海地区作战时，提供空中与水面支援的大型军舰，还可以供舰载机起飞和降落，在海军中的地位仅次于航空母舰。

　　两栖攻击舰执行的任务多种多样，可以为舰载机母舰执行空中火力支援任务，又可装载登陆士兵及其装备执行两栖登陆作战任务。为了保证强大的空中突击作战能力，除装载武装直升机外，还应尽可能装载短距起降飞机。

黄蜂级两栖攻击舰（美国）

■ 简要介绍

黄蜂级两栖攻击舰，是美国海军于 20 世纪 80 年代开始建造的以直升机和垂直／短距起降（STOVL）战斗机为主要作战武器，配备船坞的多功能两栖攻击舰。当时，美国海军为了取代老旧的硫黄岛级两栖攻击舰，以塔拉瓦级两栖攻击舰的设计发展出黄蜂级两栖攻击舰。

本级舰共建造 8 艘，首舰"黄蜂"号于 1985 年 5 月 30 日安放龙骨，1987 年 8 月 4 日下水，1989 年 7 月 29 日服役。2002 年 4 月 19 日，美国海军与诺格集团签约，建造最后一艘改良型黄蜂级舰"马金岛"号，它以全新的复合燃气涡轮与电力推进动力系统（APS）取代复杂笨重且反应缓慢的蒸汽涡轮系统，成为美国海军第一种使用整合式电力推进系统的作战舰艇。

2005 年 9 月，美国新奥尔良地区遭"卡特里娜"飓风重创，黄蜂级的"硫黄岛"号驶入密西西比河河道，用来充当救援平台，利用舰上的运输直升机与登陆艇、登陆车队向交通基础设施遭严重破坏的灾区运送物资，时任美国总统的乔治·布什更以"硫黄岛"号作为临时救灾指挥所。

基本参数	
舰长	253.2 米
舰宽	32 米
吃水	8.1 米
满载排水量	41150 吨
航速	24 节
舰员编制	1108 人
动力系统	2 台锅炉 2 台通用电气 LM2500 燃气轮机，双轴 （"马金岛"号）

■ 性能特点

黄蜂级两栖攻击舰在原设计中，被赋予操作气垫登陆艇（LCAC）以及 AV-8 战斗机 B 型的能力。舰内车库甲板和货舱甲板的面积被压缩，腾出空间容纳航空机相关设施，可装载比塔拉瓦级两栖攻击舰更多的航空器；配备 SWY-3 武器指挥系统，先进作战指挥系统（ACDS），指挥 MK-15 Block 1A 密集阵近迫武器系统，以及北约"海麻雀"防空导弹。

相关链接 >>

　　黄蜂级两栖攻击舰8艘舰的舰名一半沿用以往的名舰名，如"黄蜂"号、"埃塞克斯"号、"博克瑟"号、"博诺姆·理查德"号；另外，以著名战役名命名的有"巴丹"号、"硫黄岛"号和"马金岛"号；而"拳师"号则源自1812年战争时俘获的一艘英军军舰。

▲ 黄蜂级两栖攻击舰

美国级两栖攻击舰 （美国）

■ 简要介绍

美国级两栖攻击舰，是美国于21世纪初推出的大吨位两栖攻击舰。冷战结束后，美国对其海军战略进行了数次重大调整，先后于1992年和1994年公布了《由海向陆》和《前沿存在——由海向陆》两部战略白皮书，开始推行远洋前沿进攻型的由海向陆、以海制陆战略；强调以机动、灵活、多样的"前沿存在"代替"前沿部署"，采用联合作战的方式从海上采取军事行动，夺取制陆权。

2001财政年度开始，美国海军专门成立了研究论证小组，对新一级两栖攻击舰的设计方案进行论证研究。2007年6月4日，美国海军与诺斯罗普·格鲁曼公司舰艇系统部正式签署LHA-6"美国"号的建造合同。

按照规划，美国级两栖攻击舰将建造11艘。首舰"美国"号于2009年7月17日在英戈尔斯造船厂开工，2012年6月4日下水，2014年10月11日正式服役。2017年5月，美国级两栖攻击舰第二艘"的黎波里"号从造船厂的浮动式干船坞下水。

基本参数

基本参数	
舰长	257.3米
舰宽	32.3米
标准排水量	45722吨
航速	20节
舰员编制	1059人
动力系统	2台LM-2500燃气轮机

■ 性能特点

美国级两栖攻击舰为了提高航空作战能力和兵力投送能力，特别设置了2个高帽区，每个高帽区安装了高架起重机用于舰载机维修；同时增加了航空燃油储量，可携带3400吨航空燃油，可有效搭载近38架舰载机。装有AN/SPQ-9B火控雷达和AN/SPS-48E空中搜索雷达，电子战设备采用最新的SUQ-32A(V)3型电子对抗系统。

美国级两栖攻击舰

相关链接 >>

美国级两栖攻击舰的攻击性武器并不多，主武器为 2 座 20 毫米 6 管 MK-15 Block 1B 密集阵近防炮，该型炮安装了改进型 Ku 波段搜索与跟踪雷达、新型炮内控制站和遥控站，对计算机火控系统进行了升级，可进行 24 小时的被动搜索跟踪，具有多光谱探测和跟踪能力，提高了强电磁干扰环境下近程反导能力。

海洋级两栖攻击舰（英国）

■ 简要介绍

海洋级两栖攻击舰，是英国20世纪90年代继无恐级两栖船坞运输舰之后，发展的一级最新船坞运输舰。早在1956年苏伊士运河危机中，英国皇家海军第一次运用两栖舰搭载直升机突击登陆的概念，并在此之后一直维持2艘固定编制的两栖突击直升机母舰，在1974~1975年的财政困难与石油危机时，取消了这一编制。1982年马岛战争中，英国皇家海军只能征用商船并将其改装后用于搭载直升机，当作两栖突击直升机母舰，但该母舰被阿根廷击沉，皇家海军损失惨重。直到1991年海湾战争，英国仍然只能用"百眼巨人"号航空训练舰执行类似任务，其各项能力都不足以充当正规的两栖突击舰。

1993年3月29日，英国国防部长宣布皇家海军的两栖突击直升机母舰计划重启。1994年2月，亚德有限公司完成了方案的研究。同年8月18日，英国向维克斯造船和工程有限公司及亚罗公司招标设计和建造两艘舰。首舰于1995年10月11日下水。1998年2月20日，英国女王伊丽莎白二世主持命名仪式，该舰定名为"海洋"号。1998年9月30日，"海洋"号两栖攻击舰正式加入皇家海军服役。

基本参数	
舰长	203.43米
舰宽	35米
吃水	6.5米
满载排水量	20700吨
航速	18节
舰员编制	255人
动力系统	2台柴油机 1台舰艏辅助推进器

■ 性能特点

海洋级两栖攻击舰的自卫武装设有3套MK-15密集阵近程防御武器系统和4门双30高平机炮。其996型二维对空搜索雷达足够为近迫武器系统提供目标，而且装有"海蚋"干扰丝发射器，可以用软杀手段对付来犯导弹。该级舰作战中枢为ADAWS-2000战斗资料系统，此外还有SATCOM 1D卫星通信系统。

相关链接 >>

　　海洋级两栖攻击舰的指挥控制舱和医疗救护舱集中布置在舰的中前部，飞行甲板宽敞，舱容较大，可装载 8 艘登陆艇、67 辆车辆、700 多名陆战队员和 3 架直升机，并且装配先进的作战数据自动处理系统和其他指控设备及医疗设施，其布置体现了"均衡装载""一舰多用"的设计思想。

▲ 海洋级两栖攻击舰

西北风级两栖攻击舰（法国）

■ 简要介绍

西北风级（或音译为米斯特拉尔级）两栖攻击舰，是法国海军现役最新型两栖作战与远洋投送战舰。20世纪90年代后，法国海军主要的两栖作战舰艇只剩下4艘，其中2艘分别是1965年与1968年服役的暴风级两栖攻击舰，它们过于老旧，进入21世纪后根本难以值勤；1964年服役的"圣女贞德"号直升机巡洋舰也因发生严重的机械故障而无法有效运作，这严重影响了法国海军的两栖作战能力。而冷战结束后国际地区性冲突不断，从海上投送武力至陆地的需求与日俱增。为了取代暴风级两栖攻击舰并健全两栖战力，法国海军造舰局在1997年展开多功能两栖攻击舰（BIP）计划，取名西北风级。

经过几年设计论证，西北风级两栖攻击舰的首舰"西北风"号于2003年7月10日在法国海军造舰局开工，2006年2月服役。2号舰"雷电"号于2006年12月服役，3号舰"迪克斯梅德"号则于2012年1月服役。另外，本级舰还外销俄罗斯和埃及。

基本参数

基本参数	
舰长	199米
舰宽	32米
吃水	6.3米
满载排水量	21500吨
航速	18.8节
续航力	10700海里/15节
舰员编制	160人
动力系统	3个柴油发电机组

■ 性能特点

西北风级两栖攻击舰的配备，改良自"戴高乐"号航空母舰的SENIT-9作战系统装备，并与北约海军Link-11/16/22数据链兼容，能掌控两栖载具与直升机队的运作；还配备MRR3D-NGC频3D对空（平面）搜索雷达以及光电射控系统，功能十分完善。该级舰的舰载武装为2门布伦达·毛瑟30毫米70倍径自动化机炮、2组马特拉双联装西北风短程防空导弹发射器。

相关链接 >>

西北风级两栖攻击舰的不足之处是：武器配备薄弱，难以应对高强度的防空和反舰作战需求；适航性和航速较低，限制了其在快速部署和机动作战中的表现；运载能力有限，虽然能搭载一定数量的直升机和车辆，但与一些更先进的两栖攻击舰相比，其运载能力仍有提升空间；缺乏高效的近防系统，难以有效拦截高速反舰导弹等现代威胁。

▲ 西北风级两栖攻击舰

日向级直升机驱逐舰（日本）

■ 简要介绍

　　日向级直升机驱逐舰，是日本发展的新一代直通甲板的大型水面支援作战舰艇，也是日本自二战结束以来建造的吨位最大的军用舰艇。二战结束以后，日本失去了几乎全部的海军力量，其海军地位从一度称霸太平洋沦落为海岸警备队。随着冷战的结束，世界政治形势发生了巨大变化，日本海军的建设思路也从单纯追求反潜变为追求应对各种危机的能力。进入21世纪后，日本海上自卫队希望建造新舰以取代20世纪70年代建造的2艘榛名级直升机驱逐舰。在"2001—2005年日本海上自卫队的整建计划"中，日本防卫省首度提出建造新一代有着直通甲板的大型水面支援作战舰艇，即直升机驱逐舰，但这实际是外形酷似航空母舰的两栖攻击舰。

　　2006年5月11日，日向级直升机驱逐舰首舰开工建造；2008年5月30日，2号舰开工。2009年3月18日和2011年3月16日两舰相继服役，被分别命名为"日向"号和"伊势"号。

基本参数	
舰长	197米
舰宽	33米
吃水	7米
排水量	13950吨（标准） 17000吨（满载）
航速	30节
舰员编制	347人
动力系统	4台LM-2500 IEC燃气轮机

■ 性能特点

　　日向级直升机驱逐舰的甲板上，可同时起降多架反潜直升机、搜救直升机、攻击直升机和运输直升机等，经过改造后同样具备起降F-35B型短距/垂直起降隐身战斗机的能力。该级舰装备有三菱电子研制的FCS-3主动相控阵雷达。

▲ 日向级直升机驱逐舰

相关链接 >>

日向级直升机驱逐舰目前共有 2 艘在役，分别为"日向"号和"伊势"号。这 2 艘舰艇采用平顶全通式舰面起降场，可搭载多架大型直升机，具备较强的反潜、制海及航空支援能力。日向级直升机驱逐舰的动力系统先进，双轴推进，极速可达 30 节。舰上装备有先进的雷达、导弹和近防系统，作战系统高度整合化，具备优秀的资讯传输能力。

独岛级两栖攻击舰（韩国）

■ 简要介绍

独岛级两栖攻击舰，是韩国海军于 21 世纪研制的全通甲板式"航母型"战舰。20 世纪 90 年代，韩国海军着手制订"远洋蓝水海军"发展构想，把建造轻型航母作为提升海军作战能力的重要内容。1995 年，韩国大宇重工公司从俄罗斯购买了 2 艘基辅级退役航空母舰，为自主研发航空母舰提供参考。1998 年 3 月，日本"大隅"号两栖舰正式加入海上自卫队服役，这极大地刺激了韩国。第二年，韩国在国防部制订的"2000~2004 年中期防务计划"中纳入 2 艘大型两栖直升机攻击舰，计划名为 LP-X。韩国海军在 2002 年 10 月正式确定建造 2 艘 LP-X 两栖攻击舰。首舰"独岛"号由韩国韩进集团建造，于 2002 年 10 月 28 日开工，2005 年 7 月 12 日下水，2007 年 7 月 3 日服役，它是韩国海军当时拥有的最大舰船，因此也被称为韩国的"准航空母舰"。

独岛级两栖攻击舰的另一艘"马罗岛"号已经建成。"独岛"号和"马罗岛"号均具备强大的运载能力和作战能力，可搭载大量直升机、气垫登陆艇、装甲车及士兵，是韩国海军执行两栖作战任务的主力舰艇。

基本参数

基本参数	
舰长	200米
舰宽	30米
吃水	7米
满载排水量	19000吨
航速	23节
续航力	8000海里/16节
舰员编制	320人
动力系统	4台LM-2500燃气轮机

■ 性能特点

"独岛"号拥有完善的指管通情系统，能执行两栖、水面、空中乃至于反潜作战中的指挥、管制、通信、情报搜集、监视侦搜等作业。舰上装有两种防空自卫装备，一是"荷兰守门员"近迫武器系统，二是位于舰岛顶端的美制 21 联装 MK-49 "公羊"（RAM）短程防空导弹发射器。

相关链接 >>

独岛级两栖攻击舰服役后，韩国海军的两栖作战能力显著增强，具备了直升机垂降突击能力。独岛两栖攻击舰还是有力的指挥情报平台。除了两栖作战外，该舰也用于国际人道维和等。

▲ 独岛级两栖攻击舰

的里雅斯特级两栖攻击舰 (意大利)

■ 简要介绍

　　的里雅斯特级两栖攻击舰，是意大利推出的欧洲最大的两栖攻击舰。意大利是三面环海的国家，海军建设是意大利的军工重点，众多岛屿让两栖作战更加重要，对于登陆抢滩和兵力的增援，都必须能够进行有效的部署，以适应本土的复杂地势并进行机动灵活反应。21世纪初，意大利海军还在服役的两栖作战主力舰艇只有20世纪80~90年代建造的圣乔治级船坞登陆舰，以及一艘具备两栖作战能力的轻型航空母舰"加富尔"号。前者各项战技指标相对落后，缺乏高强度的航空器操作能力和甲板下机库，没有较强的航空管制、战役指挥等指管通情能力；后者虽然能够承担多种综合任务，但因为设计建造年代久远，很多功能和内部构造都是20世纪的，明显落后于现代化的武器。为了改变和提升整体的作战能力，意大利海军决定建造的里雅斯特级两栖攻击舰接替航空母舰。

　　2015年，首舰"的里雅斯特"号在意大利斯塔比亚海堡造船厂开工，2019年5月下水，2022年服役。

基本参数

基本参数	
舰长	245米
舰宽	36米
吃水	7.7米
满载排水量	33000吨
航速	25节
舰员编制	320人
动力系统	2台柴油机 2台燃气轮机

■ 性能特点

　　的里雅斯特级两栖攻击舰有庞大的身躯，可以搭载主战坦克、重型直升机、倾转旋翼机等多种武器装备，还能为战斗机提供起降支持。该级舰的主武器为"奥托·梅莱拉"76毫米海军舰炮，这种舰炮射速快、体积小巧，能够进行防空、反导和对陆攻击。该级舰还配备了"能量盾牌"远程警戒有源相控阵雷达。

相关链接 >>

两栖攻击舰与航空母舰在外形上颇
为相似，都能搭载飞机，支持飞机的起降，
但它们的作战用途却相差很远：两栖攻击舰主
要用途是登陆，因此直升机、登陆艇、坦克
装甲车辆、陆战队员成为其搭载的主要对
象。通过垂直登陆和平面登陆两种方式，
两栖攻击舰的舰上人员可以突然向岸
上发起快速的攻击。

▲ 的里雅斯特级两栖攻击舰

"胡安·卡洛斯一世"号战略投送舰 (西班牙

■ 简要介绍

"胡安·卡洛斯一世"号战略投送舰，是西班牙海军融合了战略投送与两栖攻击功能的多用途战舰，也可以称为两栖攻击舰。冷战结束，国际局势发生了剧烈的变化。从 20 世纪 90 年代起，欧美国家开始规划新一代的两栖作战舰艇，以扩充海外军力派遣能力。作为欧洲海洋历史强国，西班牙自然不甘落后于意大利和英、法，决定由西班牙伊扎尔集团（2005年改组为纳万蒂亚公司）负责设计建造新型的"胡安·卡洛斯一世"号战略投送舰。

2002 年 12 月，军方与伊扎尔集团签署合约。2003 年 9 月展开设计工作。2005 年 5 月 20 日在纳万蒂亚公司正式开工并切割第一块钢板。2008 年 3 月 10 日新舰下水，于 2010 年 9 月 30 日正式交付西班牙海军，2011 年 12 月正式成军。该舰优先作为航空母舰使用，特别是在西班牙金融和经济困境中"阿斯图里亚斯亲王"号航空母舰退役之后，接替其航空母舰的职责。

基本参数	
舰长	231.8米
舰宽	29.5米
吃水	7.18米
满载排水量	27079吨
航速	20.5节
续航力	8000海里/15节
舰员编制	243人
动力系统	2台LM-2500燃气轮机 2台柴油机

■ 性能特点

"胡安·卡洛斯一世"号具有直通飞行甲板和舰艏的滑跃甲板，适合舰载机的垂直或滑跃起飞和垂直降落。该舰的武器装备包括 1 具英德拉 Lanza-N 三维对空搜索雷达、4 座厄利孔 20 毫米防空机炮与 4 挺 12.7 毫米机枪等；动力系统采用 LM-2500 燃气轮机和德国 MAN 3240 16V 柴油机驱动发电机。

▲ "胡安·卡洛斯一世"号战略投送舰

相关链接 >>

"胡安·卡洛斯一世"号以当时的西班牙国王命名。胡安·卡洛斯一世1938年1月5日生于罗马,为西班牙波旁王朝末代国王阿方索十三世之孙,他于1975年11月27日即位西班牙国王,也是该国武装部队最高统帅。2014年6月18日,胡安·卡洛斯一世在西班牙首都马德里签署法令,正式宣告退位,让位给费利佩·胡安·巴布罗·阿方索王储。

堪培拉级两栖攻击舰（澳大利亚）

■ 简要介绍

　　堪培拉级两栖攻击舰，是澳大利亚海军建造的最新两栖攻击舰。进入21世纪，澳大利亚海军为了在亚太地区扮演更为积极的角色，加紧更新主力战舰。在"2000两栖作战会议"上，澳大利亚海军提出"多用途辅助舰"（MRA）概念。2003年，澳大利亚国防部长罗伯特·希尔宣布，根据"国防项目计划2048"（JP2048），将购买2艘新型多用途两栖攻击舰（LHD）。法国阿马里斯公司与西班牙伊扎尔集团（2005年改组为纳万蒂亚公司）为此展开角逐。2006年5月3日，标书正式发布。最终，西班牙纳万蒂亚公司的方案中标。2007年6月，澳政府继8艘安扎克级导弹护卫舰建成服役后，为海军新型霍巴特级防空驱逐舰项目选择了西班牙海军F-100级护卫舰的改型，同时决定以西班牙"胡安·卡洛斯一世"号的改型，作为新型堪培拉级多用途两栖攻击舰的设计。

　　首舰"堪培拉"号于2009年9月23日开工，2011年2月17日下水，2014年11月28日服役。2号舰"阿德莱德"号于2011年2月18日开工，2012年7月4日下水，2015年12月4日服役。

基本参数

基本参数	
舰长	221.4米
吃水	6米
满载排水量	25790吨
航速	21节
续航力	9000海里/15节
动力系统	4台柴油发电机组

■ 性能特点

　　堪培拉级两栖攻击舰采用全通飞行甲板，可搭载1000名武装士兵和150辆车辆（包括M1A1主战坦克、LCAC气垫登陆艇）或者6架S-70黑鹰直升机。该级舰的动力系统为4台柴油发电机组，最大航速21节，续航力在15节航速下为9000海里；武器装备主要为4座25毫米"台风"机炮。

相关链接 >>

堪培拉级两栖攻击舰比澳大利亚海军之前的"墨尔本"号航空母舰还要大，稍加改装即可成为航空母舰。它服役后使澳海军能够完成地区救灾、人道主义援助、维和行动以及警察维和等一系列作战任务。它既是澳大利亚海上远程作战的最大平台，也保持了对东南亚等国的海上威慑能力。

▲ 堪培拉级两栖攻击舰

"大西洋"号两栖攻击舰 (巴西)

■ 简要介绍

"大西洋"号两栖攻击舰，是由巴西海军于2018年向英国购买的"海洋"号改名而来的。在南美各国海军中，巴西、阿根廷和智利海军都曾经拥有过战列舰，巴西和阿根廷海军还曾经拥有过航空母舰，但是随着南美经济停滞，各国发展陷入困境，再加上国际军售市场形势的变化，南美国家所有能够在广义上称为"航空母舰"的军舰都不存在了。

巴西海军早在1956年就购买了1945年服役的英国"复仇"号航空母舰并命名为"米纳斯吉拉斯"号，但由于无法获得固定翼喷气式舰载机，该航空母舰实际一直被当作直升机母舰来用，由于设备老化和备件短缺，不得不在2001年退役。而2000年购买的1963年开始服役的法国"福煦"号（巴西"圣保罗"号）老化程度更严重，且2012年和2016年两次发生火灾，基本一直在维修。巴西海军认清形势，决定放弃维修，恰好英国海军因经费紧张，在2018年将"海洋"号两栖攻击舰转卖给了巴西海军，巴西海军将其改名为A-140"大西洋"号，同年9月30日服役，弥补了巴西因唯一一艘航空母舰退役导致的海上力量的空缺。

基本参数	
舰长	203.4米
舰宽	35米
吃水	6.5米
满载排水量	21500吨
航速	18节
舰员编制	255名船员
动力系统	2台柴油发电机组 1台舰艇辅助推进器

■ 性能特点

"大西洋"号两栖攻击舰满排21500吨，长203.4米，宽35米，可搭载12架"海王"反潜直升机或EM-101"梅林"运输直升机以及6架"山猫"直升机、4艘气垫艇，还可以同时装载约40辆装甲车。主要舰载武器为4座双联装"厄利孔"30毫米GCM-A03火炮和3座MK15密集阵20毫米近防武器系统。

相关链接 >>

英国由于军费紧张，保留了必需的水下核力量和新航空母舰，部分现役装备或退役或出卖。舰艇的生命周期至少30年，而"海洋"号当时才服役20年，巴西因此捡到了宝。

▲ "大西洋"号两栖攻击舰甲板上的直升机

核潜艇

　　二战后，各国海军十分重视新型潜艇的研制。核动力和战略导弹的运用，使潜艇发展进入一个新阶段。1954年，美国建成核动力潜艇"鹦鹉螺"号服役。苏联不甘示弱。1959年3月，苏联627型攻击核潜艇首艇服役。

　　1960年，美国建成了战略核潜艇"乔治·华盛顿"号，并在水下成功地发射"北极星"弹道导弹，射程2000余千米。弹道导弹核潜艇成为水下的战略核打击力量。

　　此后，英、法等国也相继建成核动力战略导弹潜艇和核动力攻击潜艇。在1982年的马岛战争中，英国核动力攻击潜艇"征服者"号击沉阿根廷巡洋舰"贝尔格拉诺将军"号，是核动力潜艇击沉水面舰艇的首次战例。

　　核潜艇发展至今，美国建成了俄亥俄级战略核潜艇，该级18艘潜艇全部在役，是潜艇中的"执牛耳者"；俄罗斯955型战略核潜艇计划建10艘，前3艘潜艇已经服役，其威力也很强大；其他如英国的卫级战略核潜艇、法国的梭鱼级攻击核潜艇、德国的214型常规潜艇、日本的苍龙级常规潜艇也都各有特点，引人注目。

"鹦鹉螺"号核潜艇（美国）

■ 简要介绍

　　"鹦鹉螺"号核潜艇，是美国于二战后研制的核动力潜艇。1946年，美国海军部决定成立原子能研究机构，并挑选美国海军上校海曼·乔治·里科弗来主持工作。里科弗提出美国海军核动力计划的第一步应该放在潜艇上。1948年5月1日，美国原子能委员会和美国海军联合宣布了建造核潜艇的决定。1949年，里科弗被任命为国防部研究发展委员会动力发展部海军处负责人，并兼任原子能委员会、海军船舶局两个核动力部门的主管和核潜艇工程总工程师。1951年7月，里科弗促使美国国会批准了建造案。同年8月2日，核潜艇建造合同被授予美国电力船只部门位于美国康乃狄克州格罗顿的船坞公司。

　　1952年6月14日，核潜艇在美国通用电船公司开工建造，于1954年1月21日下水。为了纪念儒勒·凡尔纳小说《海底两万里》中的"鹦鹉螺"号潜艇，新潜艇被命名为"鹦鹉螺"号。"鹦鹉螺"号核潜艇于1954年9月30日服役，1980年3月3日退役，之后经过改装在美国格罗顿潜艇部队作为博物馆艇。

基本参数	
艇长	98.7米
艇宽	8.4米
吃水	6.6米
水下排水量	4092吨
水下航速	23.3节
潜深	213米
自持力	50天
艇员编制	105人
动力系统	1座S2W型压水堆 2台汽轮机

■ 性能特点

　　"鹦鹉螺"号核潜艇按设计能力可连续在水下航行50天、全程30000千米而不用添加任何燃料，说明该艇可环游世界而不需要出水面。在运行的头两年里，该艇仅消耗了几千克重的浓缩铀，若用柴油推进方式，则要消耗掉8250000升。

相关链接 >>

　　"鹦鹉螺"号核潜艇开应用核动力之先河，使潜艇由此进入了一个新纪元，具有不可估量的价值；它的诞生，不仅在武器库中增加了一种强有力的武器，也在如何和平使用原子能方面产生了巨大的影响，因为其产生动力的核反应器，可以充当大型民用核电站的原型。

▲ "鹦鹉螺"号核潜艇

洛杉矶级攻击核潜艇（美国）

■ 简要介绍

　　洛杉矶级攻击核潜艇，是美国于20世纪60年代末70年代初研制的一型快速攻击型核潜艇。从1956年的鲔鱼级攻击核潜艇，到1958年的长尾鲨级攻击核潜艇，再到1962年的鲟鱼级攻击核潜艇，美国海军核潜艇的数量和性能有了显著改善，由于设计方针都是注重静音能力与潜航深度，水下航速逐渐降低。1967年6月，美国海军作战部长命令以1966年3月完成的新一代攻击型核潜艇方案为基础，对新艇造价和可行性开展研究。美国国防部长麦克纳马拉和海军海上系统司令部主张发展一种更宜居的安静攻击型核潜艇——康福姆型；以美国海军反应堆办公室主任海曼·乔治·里科弗为代表的少数人则从实用出发，认为必须尽快研制出总体性能比苏联高出一筹的高性能核潜艇，应是鲟鱼级攻击核潜艇的改进型。最终，高速型战胜了康福姆型，并且被命名为洛杉矶级核潜艇。

　　洛杉矶级攻击核潜艇首艇于1972年1月8日在纽波特纽斯造船及船坞公司开工建造，1974年4月6日下水，1976年11月13日服役，最后一艘于1996年服役，共建造了62艘。

基本参数

基本参数	
艇长	109.7米
艇宽	10.1米
吃水	9.9米
水下排水量	6927吨
水下航速	30节
潜深	450米
艇员编制	133人
动力系统	1座S6G型压水堆 2台汽轮机

■ 性能特点

　　洛杉矶级核潜艇688-Ⅰ型第一批中SSN688至SSN699初服役时安装了MK-113鱼雷射击指挥仪，后又改装成可以指挥控制"沙布洛克"反潜导弹的MK-117鱼雷射击指挥仪。第一批31艘潜艇可装备8枚从鱼雷管发射的战斧巡航导弹；第二批31艘装备了12管巡航导弹垂直发射装置，总共可装备20枚战斧巡航导弹。

▲ 洛杉矶级攻击核潜艇的垂直发射口

相关链接 >>

　　洛杉矶级核潜艇超过了美国海军之前研制的任何一种型号的攻击型核潜艇，它解决了美国海军4个关键技术问题：一是发展先进的潜艇武器系统，增强攻击型核潜艇的作战能力；二是提高水下航速，改进水下高速航行时的稳定性；三是提高隐身性能；四是拓展攻击型核潜艇的多用途概念。

俄亥俄级战略核潜艇（美国）

■ 简要介绍

俄亥俄级战略核潜艇，是美国海军于1976年开始建造的冷战时期核潜艇的代表作。20世纪70年代，美国海军开始发展用于取代乔治·华盛顿级战略核潜艇与伊桑·艾伦级战略核潜艇的新型弹道导弹核潜艇，因为原始设计的限制，无法换装较新型的"三叉戟"C-4弹道导弹。在美国海军最初的规划中，"俄亥俄"号只是一种放大改良版的拉法耶特级战略核潜艇，但最终发展成一个新级。为了符合成本效益，最后俄亥俄级战略核潜艇设计成拉法耶特级战略核潜艇的两倍大，成为美国海军最大的潜艇。

首艇"俄亥俄"号于1976年开建，1979年下水，1981年服役。最初美国海军打算建造24艘俄亥俄级战略核潜艇，不过由于冷战结束以及美苏第二阶段战略裁减谈判，遂取消了最后6艘，共建了18艘。2002年，由于俄亥俄级战略核潜艇前几艘的舰体老化，无力承担战略核威慑巡航任务，因此开始对"俄亥俄"号（SSGN-726）、"密歇根"号（SSGN-727）、"佛罗里达"号（SSGN-728）和"佐治亚"号（SSGN-729）进行改装，成为携带常规制导导弹的巡航导弹核潜艇（SSGN）。

基本参数	
艇长	170.7米
艇宽	12.8米
吃水	10.8米
水下排水量	18750吨
水下航速	20节
潜深	240米
自持力	45天
艇员编制	155人
动力系统	1座S8G型压水堆；2台传动涡轮发动机；1台辅助发动机

■ 性能特点

俄亥俄级战略核潜艇的弹道导弹搭载量很可观。该级潜艇的前8艘都使用C-4"三叉戟"弹道导弹，射程7400千米，配备8枚MK-4多重独立目标重返载具。从9号"田纳西"号开始，改配更具威力的D-5"三叉戟-Ⅱ型"洲际导弹，射程增加至12000千米；每一枚D-5最多可携带14枚MK-4型多重独立目标重返载具（MIRV），还可携带威力更强的MK-5 MIRV。

▲ 俄亥俄级战略核潜艇的导弹发射口

相关链接 >>

俄亥俄级战略核潜艇采用昔日美国海军战斗舰以州名命名的规则，但唯一的例外是采用人名命名的 SSBN-730 艇。该艇原本打算命名为"罗得岛"号，但在 1983 年 9 月 1 日，美国参议员亨利·杰克森突然过世，因此美国海军将同年安放龙骨的 SSBN-730 命名为"杰克森"号以兹纪念，而"罗得岛"则改用于之后的 SSBN-740。

海狼级攻击核潜艇（美国）

■ 简要介绍

海狼级攻击核潜艇，是美国海军依据冷战后期"前进战略"的需求而设计的，其目的是在 21 世纪初期，能在各大洋对抗任何苏联现有与未来的核潜艇，取得制海权；能长时间在大洋或靠近苏联的近海进行反潜巡逻，拥有绝佳的声呐感测能力，并配备比洛杉矶级核潜艇多一倍的鱼雷管和鱼雷，以长时间进行反潜作业。此计划中的核潜艇被称为 21 世纪攻击核潜艇（SSN-21），堪称反潜作战的极致产物。

美国海军原本计划建造 29 艘海狼级攻击核潜艇以取代早期型洛杉矶级核潜艇，但在 1989 年估计全部建造需要 336 亿美元；加上 1991 年苏联解体，便于 1992 年决定除了头 3 艘之外，后续 26 艘海狼级攻击核潜艇的建造计划全部取消。

首艇"海狼"号早在 1989 年 1 月 9 日便开工建造，但直到 1995 年 6 月 24 日才得以下水，1997 年 7 月 19 日入役。第 2 艘"康涅狄格"号于 1997 年 9 月 1 日下水。1999 年，美国海军鉴于未来在沿岸对陆地进行作战的机会大增，近岸环境的潜伏危机也更为明显，因而决定变更正在建造的第 3 艘"吉米·卡特"号部分设计，延至 2004 年 5 月 13 日下水。

基本参数	
艇长	107.6米
艇宽	12.2米
吃水	10.7米
水下排水量	9142吨
水下航速	35节
潜深	610米
自持力	80天
艇员编制	133人
动力系统	1座S6W型压水堆 1具备用柴油推进系统

■ 性能特点

"海狼"号核潜艇总共有 8 门鱼雷管，较以往美国潜艇多出一倍，每次装填武器之后，能接战的次数多一倍，武器承载量增至 50 枚；由于"海狼"号攻击核潜艇最初打算是专门用来应对苏联潜艇的，所以并未配备对陆巡航导弹的垂直发射系统，舰上可用的武装包括 MK48 鱼雷先进能力型（ADCAP）、"鱼叉"反舰导弹、"战斧"巡航导弹等。

▲ 海狼级攻击核潜艇控制室一角

相关链接 >>

　　海狼级的命名与编号严重打乱了美国海军的命名规则：SSN-21本是计划代号，后来竟变成首舰编号，且"海狼"也打破了自洛杉矶级攻击核潜艇启用的城市命名规则，重返以往潜艇的海洋生物名；第2艘更离谱地以"康涅狄格"为名；第3艘竟然以前总统吉米·卡特命名，理由是他从军时曾在潜艇上服役。

弗吉尼亚级攻击核潜艇（美国）

■ 简要介绍

弗吉尼亚级攻击核潜艇，是冷战结束后，美国以多功能和多用途为主要任务研制的一级核动力快速攻击核潜艇，主要用以替换大量在役的洛杉矶级攻击核潜艇。1990年，早在海狼级攻击核潜艇的首艇尚处于建造阶段时，美国海军对新一级的攻击核潜艇开展了有关方面的初步论证和设计工作。1994年8月，弗吉尼亚级核潜艇进入第一阶段设计，1995年6月30日进入论证阶段。从美国攻击核潜艇发展时间和级别来看，它是第七代攻击核潜艇；但从发展研制的技术特征和用途来看，它属于第四代攻击核潜艇。

首艇"弗吉尼亚"号，于1998年开工建造，2003年8月16日下水，于2004年6月7日正式交付美国海军之后顺利完成海试，2004年10月23日在诺福克港正式服役。根据美国海军2014年的30年造舰计划，弗吉尼亚级核潜艇的建造和交付至少将持续到2043年，总共将建造48~50艘。该级核潜艇主要在大西洋和太平洋地区活动，逐渐成为21世纪近海作战的主要力量，同时也保留了远洋反潜能力。

基本参数	
艇长	114.91米
艇宽	10.36米
吃水	9.3米
水下排水量	7800吨
水下航速	28节
潜深	450米
自持力	90天
艇员编制	134人
动力系统	1座S9G型压水堆；2台汽轮机主机；1台辅助应急推进电机

■ 性能特点

弗吉尼亚级攻击核潜艇是美国海军第一次同时针对大洋和浅海两种环境设计作战能力的攻击核潜艇，它采用自动导航控制设备，主要突出近海作战能力，包括执行攻击式（防御式）布雷、扫雷、特种部队投送/回撤（美国先进蛙人输送系统）、支援航母作战编队、情报收集与监视、使用新型战斧巡航导弹精确打击陆上目标等任务。

▲ 弗吉尼亚级攻击核潜艇的战情中心

相关链接 >>

　　弗吉尼亚级攻击核潜艇的发展，严格依照美国国防预算的标准，在保证不超支的前提下，取得了很好的成效，并在技术和装备层面上保持优势，在作战使用上也不断改进和创新模式。随着项目的稳步推进，美国海军将继续对攻击核潜艇进行更新换代，并将以更小的规模构建新的作战能力。

941型战略核潜艇（苏联/俄罗斯）

■ 简要介绍

941型战略核潜艇，是苏联于20世纪70年代研制的弹道导弹核潜艇。冷战时期，苏联和美国展开了激烈的军备竞争。1968年美国决定在新型运载武器的基础上发展"三叉戟"战略导弹系统，1972年审查了100多个方案，并于1976年开始建造俄亥俄级战略核潜艇。苏联为应对美国的威胁，则于1968年授命红宝石设计局立即研制一型新的弹道导弹核潜艇，于是红宝石设计局拿出了667BDR型战略核潜艇方案，但是军方并不满意，于是启动了"941工程"。1969年，苏联海军下达了研制"941工程"的战术技术任务书，科瓦列夫被任命为"941工程"的总设计师（苏联大部分弹道导弹核潜艇是他领衔设计的）。

941型核潜艇一共建造了6艘。1977年3月3日，首艇"德米特里－顿斯科伊"号在北德文斯克造船厂开工建造，1980年9月23日下水，1981年12月12日服役；最后一艘于1989年服役。苏联解体后，有3艘被拆解，2艘于2013年年底退役，首艇"德米特里－顿斯科伊"号最后退役。

基本参数	
艇长	172.8米
艇宽	23.3米
吃水	11.5米
水下排水量	26500吨
水下航速	25节
潜深	400米
自持力	90天
艇员编制	160人
动力系统	2座压水堆 2台汽轮机

■ 性能特点

941型战略核潜艇最独特的地方在于它的非典型双壳体结构，在非耐压艇体内有几个耐压艇体。导弹发射筒就布置在这两个主耐压艇体之间，可以齐射2发P-39导弹。该型艇配备有专门设计的"鲍托尔"-941型综合导航系统和新型校正仪。

▲ 941 型战略核潜艇巨大的发射口

相关链接 >>

2010 年春，俄美签署了第三阶段削减战略进攻性武器条约，按条约规定，俄 941 型战略核潜艇每艘最多可携载 200 枚核弹头，如果 3 艘全部满载，将占新条约限制标准的近一半，据称一艘 941 型战略核潜艇的升级费用相当于两艘 955 型战略核潜艇的建造费用，因此俄海军决定不再对 941 型战略核潜艇进行改装。

949型巡航导弹核潜艇（苏联/俄罗斯）

■ 简要介绍

949型巡航导弹核潜艇，是苏联自1969年至1982年十余年时间里，建造的第四代巡航导弹核潜艇。自20世纪60年代以来，苏联海军一贯把攻击美国航母编队、保卫本土不受严重威胁作为主要战略使命。20世纪60年代末期，美国海军大型水面舰艇有新的发展，尼米兹级航母的服役对苏联构成新的威胁。苏联需要开发出新的核潜艇，以使对方攻击型核潜艇难以接近苏联的舰队和基地，遂于1969年提出建造新型高性能巡航导弹核潜艇的战术技术任务书。1969年，新型核潜艇由红宝石设计局开始设计，设计代号为949。

949型首艇由北德文斯克造船厂建造，于1980年下水，1982年服役，艇号K-525；2号艇K-206于1980年开工，1982年12月下水，1983年服役。之后949型核潜艇被加以改进，从第3艘起项目代号由949变为949A。北约将前2艘949原型艇命名为奥斯卡Ⅰ型，将后续建造的949A型称为奥斯卡Ⅱ型，统称为奥斯卡级。

基本参数

基本参数	
艇长	154米
艇宽	18.2米
吃水	9.2米
水下排水量	18000吨
水下航速	28节
潜深	500米
自持力	约120天
艇员编制	107人
动力系统	2座VM-5型压水堆 2台汽轮机 2台汽轮发电机

■ 性能特点

949型巡航导弹核潜艇采用特殊的双层壳体结构，至少需要3枚MK-46鱼雷才能击穿，这种结构也有利于潜艇在北极冰下活动。为了提高攻防能力，949型奥斯卡级潜艇搭载24枚导弹。对近距离目标，主要以53型/65型鱼雷实施攻击，对远距离目标，主要以3K-45"花岗岩"反舰导弹实施攻击；反潜武器为RPK-2"暴风雪"/"海星"反潜导弹。

相关链接 >>

949A 型巡航导弹核潜艇使用城市名来命名。最新一艘 K-530 "别尔哥罗德"号于 1992 年开始建造，1994 年停工，2000 年（"库尔斯克"号潜艇失事后）又得以恢复。2009 年 6 月 26 日，俄罗斯海军再次宣布冻结"别尔哥罗德"号潜艇的建造项目。2012 年 2 月，俄罗斯海军又称北方机械造船厂将继续建造"别尔哥罗德"号。

▲ 949 型巡航导弹核潜艇的导弹发射口

971型攻击核潜艇 (苏联/俄罗斯)

■ 简要介绍

971型攻击核潜艇，是20世纪80年代苏联研制的最后一级传统攻击型核潜艇。20世纪70年代初，苏联为了赢得对美国海军的水下作战优势，决定继671型攻击核潜艇Ⅲ型后，继续研制并建造新型核潜艇，于是将任务同时发送至孔雀石设计局、红宝石设计局和天青石设计局各自独立设计，通过比较3家各自的优势进行选用。孔雀石设计局接受任务后，马上以其研制的671型攻击核潜艇的PTM型和705型为基础开展了研发工作，工程代号为"971型攻击核潜艇"。

20世纪80年代初，971型攻击核潜艇的研制工作基本完成。经苏联部长会议批准，首艇于1983年在共青城造船厂（现为俄罗斯阿穆尔斯克造船厂）开工建造，1984年6月下水，同年12月30日交付苏联海军服役。该型潜艇虽然研制于冷战时期，但由于其超前的设计和强大的作战能力，直到进入21世纪仍然是俄罗斯海军攻击核潜艇部队的主力，截至2009年12月，971型攻击核潜艇共建造了15艘。

基本参数	
艇长	110.3米
艇宽	13.5米
吃水	9.7米
水下排水量	9100吨
水下航速	33节
潜深	450米
自持力	90天
艇员编制	72人
动力系统	1座VM-5型压水堆 1台汽轮机组

■ 性能特点

971型攻击核潜艇采用了改进型压水堆以及长期积累的先进静音技术，因此水下噪声更低，有较强的隐身性能；而且其航速较高，水下机动性好。该型潜艇艇体的耐压结构和材料使其具有较好的深潜性能，极大增强了隐蔽能力。同时由于该型潜艇有较大的排水量，舱室容积扩大，可以携带数量更多、用途更广、威力更大的武器以及电子设备。

▲ 971 型阿库拉级攻击核潜艇

相关链接 >>

苏联的核潜艇种类多、级别多、数量多、名字更多。而 971 型攻击核潜艇的译名也有很多，最常见的有阿库拉 I 级、II 级或 AK I 级、II 级。实际上按照苏联（俄罗斯）海军公布的名称，971 型潜艇应称为"狗鱼 / 梭鱼"级；其改进型称为"狗鱼 / 梭鱼 –B"级。

885型攻击核潜艇 (苏联/俄罗斯)

■ 简要介绍

885型攻击核潜艇，是苏联于20世纪70~80年代研制的一型核动力攻击型潜艇。885型攻击核潜艇的建造过程十分曲折：885项目与美国海狼级攻击核潜艇几乎同时起步，苏联并不急于求成。1985年，苏联海军新的建造发展计划出台，885型攻击核潜艇也被列入其中，并于80年代末由红宝石设计局开始设计，总设计师为库尔米利奇。1986年以后，苏联海军大收缩，885项目的研制工作停止。苏联解体后，俄罗斯继承了苏联整个研制团队，885项目历经近10年才完成了设计任务。

1993年12月28日，885型攻击核潜艇首艇"北德文斯克"号在俄罗斯北方机械制造厂（原北德文斯克造船厂402厂）开工建造，1996年因资金不足停止。2003年，该型潜艇获得额外资金而得以重新启动。"北德文斯克"号于2010年6月15日下水，2014年服役。第2艘"喀山"号于2017年3月下水。后续同型潜艇也陆续投入建造。

基本参数

基本参数	
艇长	111米
艇宽	12米
吃水深度	8.4米
水下排水量	13800吨
水下航速	28节
潜深	600米
自持力	100天
艇员编制	65人
动力系统	1座VM／KTP-6型压水堆 1台主汽轮减速齿轮机组 2台涡轮发电机

■ 性能特点

885型攻击核潜艇装备的KTP-6型反应堆，减少了动力装置的噪声，采用了全新的有源消声技术，隐身、深潜性能强。该型潜艇加装了先进的指挥控制系统，改进了电子装备元器件、现代化的生命支持系统和武器系统等，搭载了60枚65型鱼雷、53型鱼雷，以及24枚潜射巡航导弹、反舰导弹、反潜导弹，具有很强的打击能力。

相关链接 >>

截至 2017 年 8 月，885 型攻击核潜艇的第 3 艘"新西伯利亚"号、第 4 艘"克拉斯诺亚尔斯克"号、第 5 艘"阿尔汉格尔斯克"号、第 6 艘"彼尔姆"号、第 7 艘"乌里扬诺夫斯克"号已经全部开始建造，逐步替换苏联时期的旧核潜艇。

▲ 885 型亚森级攻击核潜艇

955 型战略核潜艇（俄罗斯）

■ 简要介绍

955 型战略核潜艇，是苏联在 20 世纪 80 年代初设计的 667 型核潜艇及 941 型核潜艇的后继型。955 型战略核潜艇由俄罗斯的红宝石中央设计局设计。最早计划搭载的 SS-N-28 弹道导弹因发射失败 3 次而下马，取而代之的是 SS-NX-30 "布拉瓦" 导弹。于是该级潜艇被重新设计，以适应新的导弹。

955 型首艇 "尤里·多尔戈鲁基" 号于 1996 年开始建造。2006 年 3 月 19 日，在首艇和 2 号艇 "亚历山大·涅夫斯基" 号还没有完工的情况下，俄罗斯又开工建造 3 号艇。首艇于 2007 年 4 月 15 日出厂海试，但至 2012 年 12 月 30 日才正式服役；2 号艇于 2013 年 12 月服役。截至 2022 年，俄罗斯已建造 8 艘 955 型核潜艇，最终计划建造 10 艘，9 号、10 号艇已列入建造计划，将取代现有全部弹道导弹战略核潜艇，以实现俄罗斯海军弹道导弹战略核潜艇更新换代。

基本参数	
艇长	170米
艇宽	13.5米
吃水	10米
水下排水量	24000吨
水下航速	29节
潜深	450米
自持力	大于90天
艇员编制	107人
动力系统	1套OK-650B核动力推进系统 1台汽轮机 1台自主涡轮发电机 2台备用柴油发电机 2台辅助水中悬停/码头停驻电动引擎

■ 性能特点

955 型战略核潜艇最大水下航速达到 29 节，机动性能超过美国俄亥俄级战略核潜艇。该型潜艇的主武器为 "布拉瓦" 洲际导弹，射程 8000 千米以上，命中精度为 60 米。955 型战略核潜艇专门增加了新型呼吸混合气净化组、先进的灭火系统及上浮救生舱，大大提高了安全可靠性。

相关链接 >>

955 型战略核潜艇某些技术指标已赶上并略领先于美国俄亥俄级战略核潜艇，它庞大的艇体为其破除北冰洋厚厚的冰层提供了足够的浮力，在潜艇减震、降噪等方面也取得了新突破。

▲ 955 型战略核潜艇控制室一角

特拉法尔加级攻击核潜艇（英国）

■ 简要介绍

特拉法尔加级攻击核潜艇，是英国于20世纪70年代推出的攻击核潜艇。1969年，英国开工建造快速级攻击核潜艇，前2艘艇于1973年和1974年服役后，非常成功。1975年，英国皇家海军决定开始研究其后继型艇，用于替代快速级核潜艇。1976年年底，英国国防部批准了新潜艇计划，宣布正式开始研制新一级的攻击核潜艇，主要改进之一就是艇体表面铺设了消声瓦，进一步减小水中噪声。为纪念特拉法尔加战役的胜利，将其命名为"特拉法尔加"级。

特拉法尔加级的首艇"特拉法尔加"号于1979年4月25日开工建造，1981年7月1日下水，1983年5月27日服役。

至20世纪90年代初期，英国共建造了7艘特拉法尔加级攻击核潜艇。至2018年4月，3艘在役，4艘已退役。

■ 性能特点

特拉法尔加级攻击核潜艇采用泵喷射推进器，选用经过淬火的高频硬化齿轮，因而辐射噪声低，是标准的安静型潜艇。它的排水量不足美国洛杉矶级攻击核潜艇的75%，却装备了"战斧"巡航导弹、"鱼叉"反舰导弹和"旗鱼"鱼雷，其反潜、反舰能力和对陆攻击能力与洛杉矶级攻击核潜艇不相上下。

基本参数	
艇长	92.9米
艇宽	9.8米
吃水	8.5米
水下排水量	4900吨
水下航速	30节
艇员编制	116人
动力系统	1座PWR-1型压水堆 2台通用电气汽轮机

▲ 特拉法尔加级攻击核潜艇

相关链接 >>

特拉法尔加级攻击核潜艇装有的PWR-1型压水堆装置，由英国自行研制，热功率为100兆瓦，采用Z形堆芯，堆芯寿命7年，换料后可更换寿命为12年的G形堆芯。堆芯可减少换料经费，减少环境污染，增大潜艇续航力，提高在航率，因而该级核潜艇既能执行区域防御作战任务，也能执行远洋作战任务。

前卫级战略核潜艇（英国）

■ 简要介绍

前卫级战略核潜艇，是英国于20世纪80年代研制的第二代战略核潜艇。20世纪60年代末，苏联弹道导弹防御系统的发展对英国产生了深刻的影响，英国自此开始发展潜基战略核力量，并且此后多次购买美国"三叉戟"型导弹。1982年3月，英国又决定购买"三叉戟－Ⅱ"型导弹来装备4艘新型核潜艇。1983年12月，该级艇被命名为"前卫"级。

英国在设计前卫级战略核潜艇的过程中曾经考虑过4个方案：第一是在英国勇士级攻击核潜艇的耐压艇体上嵌加美国拉法耶特级战略核潜艇的导弹舱；第二是在特拉法尔加级攻击核潜艇基础上稍加改进；第三是在特拉法尔加级艇体上直接嵌加俄亥俄级战略核潜艇导弹舱；第四是为装备"三叉戟－Ⅱ"型导弹系统专门设计新艇体。经过反复考虑和论证，最终还是采用了第四个设计方案。

前卫级首艇于1986年9月3日由英国维克斯造船和工程有限公司的巴罗因弗内斯造船厂开工建造，于1992年3月4日下水，1993年8月14日服役。该级战略核潜艇共建4艘。

基本参数	
艇长	149.9米
艇宽	12.8米
吃水	12米
水下排水量	15900吨
水下航速	25节
潜深	350米
艇员编制	135人
动力系统	1座PWR-2型压水堆 2台汽轮机 2台柴油交流发电机

■ 性能特点

前卫级战略核潜艇采用了英国首创的泵喷射推进技术，有效降低了辐射噪声，安静性和隐蔽性尤为出色。该级潜艇外表覆盖均匀的吸声涂层，并置有光导发光潜望镜。其主武器为16枚"三叉戟－Ⅱ"型潜射弹道核导弹，射程为12000千米。

相关链接 >>

前卫级战略核潜艇配有 2 套艇员，一套艇员出海巡逻时，另一套艇员可在基地进行休整、训练，以及为下次出海做准备，因而艇员出海时精力充沛，操作水平高。艇员在艇上有宽裕的居住铺位，饮食、娱乐、健身、医疗、淡水得以充分保证，工作环境也比较好。该艇的自持力可达 70 天。

▲ 前卫级战略核潜艇

机敏级攻击核潜艇（英国）

简要介绍

机敏级攻击核潜艇，是英国在特拉法尔加级攻击核潜艇的基础上发展的新型核动力潜艇。20世纪80年代末，为了取代特拉法尔加级攻击型核潜艇，英国皇家海军开始规划新一代的攻击核潜艇。1987年，维克斯造船和工程有限公司获得英国皇家海军合约。1991年8月，英国皇家海军提出名为"第二批特拉法尔加级潜艇"的新一代潜艇计划。英国皇家海军计划在1994年订购首批"特拉法尔加II"级攻击核潜艇，并于2001年开始服役，将其定名为"机敏"级。

机敏级攻击核潜艇原计划建造7艘，最初预计在2009到2012年开始服役，由维克斯－阿姆斯特朗造船工程有限公司的巴罗因弗内斯造船厂建造。1997年，前3艘机敏级攻击核潜艇签约，其研发、设计与建造的合约总值将近20亿英镑。由于设计几经变更、技术流程改变、成本上扬、通货膨胀、驻伊英军开销庞大等，至2008年，2艘服役，4艘在建，计划已经超支48%，进度延迟达到47个月。至2009年11月，由于许多技术问题与管理问题，机敏级攻击核潜艇的进度延迟累积达到57个月，总成本超支53%。英国国防部在2010年10月公布的战略审查报告中，正式确认将建造第七艘机敏级攻击核潜艇。2015年12月，第三艘"机警"号核潜艇正式交付。

基本参数	
艇长	91.7米
艇宽	11.3米
吃水	10.7米
水下排水量	7400吨
水下航速	32节
艇员编制	97人
动力系统	1台PWR-2压水式反应堆 2台GEC蒸汽轮机 1台喷射推进器

性能特点

机敏级攻击核潜艇的艇体改良自抹香鲸型核潜艇，其潜航排水量放大到7400吨左右，以搭载更强大的动力系统与更多的武器。机敏级攻击核潜艇的艇体细部造型十分光滑简洁，以降低航行时产生的噪声以及受到的阻力。艇体表面敷设能隔绝本身噪声并降低对方主动声呐回波的隔音瓦。

相关链接 >>

机敏级攻击核潜艇的隐蔽性好，航行时产生的噪声比一条小鲸鱼的动静还小。

▲ 机敏级攻击核潜艇

红宝石级攻击核潜艇 (法国)

■ 简要介绍

红宝石级攻击核潜艇，是法国于 20 世纪 70 年代建造的第一级核潜艇，属于较小型的核潜艇，也称"袖珍核潜艇"。与美国和俄罗斯相比，法国核潜艇发展较晚，选择了一条与众不同的路。法国首先发展的是战略核潜艇，这与其坚持独立的国防政策、急需核威慑力量有关。法国海军最初于 1954 年尝试建造核动力攻击潜艇，第一艘于 1956 年开工。不久因美、法发生政治冲突，美国拒绝供给核反应所需的浓缩铀，法国被迫自行研发使用天然铀的重水核反应炉，然而计划中的潜艇太重且过于庞大，因此计划被迫中止。1976 年，法国才开始建造自己的第一级攻击核潜艇——果敢级，建造该潜艇的成功经验使得法国有能力制造极为紧致的核反应炉，使主机发电系统等大为缩小。在此基础上，法国打造出了新一级核动力潜艇——红宝石级攻击核潜艇。

首艇"红宝石"号于 1983 年 2 月服役，后续 3 艘"宝石"号、"卡萨布兰加"号及"翡翠"号则于 1988 年服役。

基本参数	
艇长	72.1米
艇宽	7.6米
水下排水量	2730吨
水下航速	28节
潜深	300米
艇员编制	70人
动力系统	1座压水堆 1台柴油机

■ 性能特点

红宝石级攻击核潜艇采用了"积木式"一体化设计原理，反应堆所有部件都是完整的结合体，具有结构紧凑、系统简单、体积小、重量轻、便于安装调试、可提高轴功率等一系列优点，并有助于降低辐射噪声。该级潜艇的主武器为大名鼎鼎的"飞鱼"（SM-39）式潜射反舰导弹；鱼雷主要为 F-17 II 型和 L-5 III 型。

相关链接 >>

红宝石级攻击核潜艇全长 72.1 米，宽 7.6 米，水下排水量 2730 吨，仅相当于一艘常规潜艇，不负"袖珍核潜艇"的称号。小也有小的优势，大型核潜艇在浅水区变得英雄无用武之地，小型核潜艇却正好可以大显身手。法国海军主要活动在地中海，这里的许多海区非常适合红宝石级核潜艇一显身手。

▲ 红宝石级攻击核潜艇

凯旋级战略核潜艇（法国）

■ 简要介绍

凯旋级（又名胜利级）战略核潜艇，是法国海军在役的较先进的战略核潜艇。法国一贯把优先发展独立的核威慑力量作为国防建设的基本方针，是唯一先发展战略导弹核潜艇后发展攻击核潜艇的国家。自20世纪60年代至1985年，法国共建造了6艘弹道导弹核潜艇，其中不屈级弹道导弹核潜艇装备M4导弹，其射程只有5300千米，但由于它们的服役期很长，要从1991年12月才开始退役。1991年，法国总统密特朗说："我们在2000年的方针仍将以战略核威慑为中心，这就必须保留我们的战略威慑力量。"为代替老旧的弹道导弹核潜艇，装备射程为11000千米的M5导弹，法国自1981年7月开始发展第三代凯旋级弹道导弹核潜艇。

凯旋级战略核潜艇最初决定建造6艘，后逐渐削减至4艘，分别为"凯旋"号、"鲁莽"号、"警戒"号和"可惧"号。首艇"凯旋"号于1989年6月9日在瑟堡海军造船厂开工建造，1994年3月26日下水，1997年3月21日服役。1999年12月"鲁莽"号开始服役，末艇"可惧"号则于2010年服役。

基本参数	
艇长	138米
艇宽	12.5米
吃水	10.6米
水下排水量	14335吨
水下航速	25节
潜深	400米
自持力	大于60天
艇员编制	111人
动力系统	1座K-15型压水堆装置；2台汽轮机；4台发电机；1台螺旋桨电动机；2台柴油机；1台柴油发电机；1组蓄电池组器

■ 性能特点

凯旋级战略核潜艇采用先进的一体化自然循环核反应堆、全电力推进、整合的静音技术、新型的弹道导弹以及先进的电子侦察设备。该级潜艇装备远射程、高精度、威力大的弹道导弹，具有6个分导式多弹头，可同时攻击多目标，打击范围及攻击能力比威严级弹道导弹核潜艇增大1倍以上。

▲ 凯旋级战略核潜艇

相关链接 >>

凯旋级战略核潜艇计划换装的 M51 三级固体燃料导弹从 1988 年起开始研制，2010 年左右开始装备于本级第 3、第 4 艘潜艇。该型导弹采用 TN75 核弹头，射程 11000 千米，圆概率误差 300 米。凯旋级战略核潜艇采用了法国自行研制的 SGN-3 型全球惯性导航系统，可提供精确的潜艇位置，提高了发射导弹的命中精度。

梭鱼级攻击核潜艇（法国）

简要介绍

梭鱼级（又称叙弗朗级）攻击核潜艇，是法国海军于20世纪末推出的第二代攻击核潜艇。随着冷战结束，局部危机和地区性有限冲突成为新的焦点，法国海军的战略重点逐渐由传统争夺制海权，转为对岸上、内陆目标进行精确打击。到了20世纪90年代，现役的红宝石级攻击核潜艇基本不具备对陆打击能力，且已接近设计使用寿限，因此，法国海军决定研制新一代梭鱼级攻击核潜艇。

1998年10月，法国国防采办局（DGA）和海军共同设立了一个梭鱼级攻击核潜艇研制小组。1998年11月，时任法国国防部长的阿兰·里夏尔，正式公布了建造6艘价值46亿美元的梭鱼级攻击核潜艇计划。1998年12月，法国武器装备部、法国DCN集团（法国舰艇建造局，已更名为DCNS）、原子技术公司和原子能委员会共同参与该项目。

该艇由法国DCNS集团自1998年开始设计，首艇于2006年被订购，2007年12月19日在法国瑟堡海军造船厂开工建造，2019年7月12日下水。计划建造6艘，前4艘预计2025年前服役，最后2艘于2030年服役。

基本参数	
艇长	99.5米
艇宽	8.8米
吃水	7.3米
水下排水量	5300吨
水下航速	25节
潜深	350米
自持力	50天
艇员编制	60人
动力系统	1座K-15压水堆改进型；2台涡轮减速机组；1台推进电动机；2台应急电机

性能特点

梭鱼级攻击核潜艇的艇体采用了NLES-100特种钢，最大下潜深度达350米，抗压能力优于红宝石级攻击核潜艇，隐蔽性有明显增强。其推进装置采用了新一代泵喷推进器，而不是常用的大侧斜螺旋桨，提高了推进效率并进一步降低了噪声。该级潜艇的武器装备包括F21"黑鲨"重型高速鱼雷、SM39"飞鱼"潜射反舰导弹和FG29水雷等。

▲ 梭鱼级攻击核潜艇

相关链接 >>

梭鱼级攻击核潜艇在最大航速、最大下潜深度等性能指标上并不十分突出，这主要是因为冷战后军事战略调整，北约攻击核潜艇的作战重点由远洋转向近岸。由于采用凯旋级和鲉鱼级潜艇的先进技术，梭鱼级潜艇的隐身能力、指挥支援系统水平、武器效能在水下对抗中占有一定战术优势。

护卫舰

  护卫舰是一种古老的舰艇，很早以前人们就把一种三桅武装帆船称为护卫舰。后来的护卫舰是指以导弹、舰炮、深水炸弹及反潜鱼雷为主要武器的轻型水面战斗舰艇，在舰艇编队中主要担负反潜、防空、护航、巡逻、警戒、侦察及登陆支援作战任务，并可支持无人舰载机的起飞和降落。

  一战期间，德国潜艇肆虐，为了保护海上交通线的安全，协约国开始大量建造护卫舰，用于反潜和护航。这个时期的护卫舰明确了作战任务和使命，找到了在海军中的定位，具有了现代护卫舰的基本功能。

  二战期间，护卫舰有两个来源：一是护航驱逐舰（欧洲称护卫舰），二是用于近海巡逻的护卫舰或海防舰。这标志着真正的现代护卫舰诞生。

  20世纪50年代以来，护卫舰向着大型化、导弹化、电子化、指挥自动化的方向发展，现代的护卫舰上还普遍载有反潜直升机。当前，现代护卫舰已经是一种能够在远洋机动作战的中型舰艇。

自由级濒海战斗舰（美国）

■ 简要介绍

自由级濒海战斗舰，是美国海军于 20 世纪与 21 世纪之交推出的新型护卫舰。20 世纪 90 年代初期，美国提出了 SC-21 水面战斗舰艇计划，打算研发一种低成本的小型多功能水面作战舰艇，用来取代佩里级护卫舰，以满足 21 世纪初日趋多元的濒海作战需求以及美国本土海岸线的防卫需求。后来这个计划演变成建造一种快速灵活、成本低、网络化的多功能濒海战斗舰（LCS）。

参与竞标的团队主要包括洛克希德·马丁公司、通用动力公司、雷神公司、诺斯罗普·格鲁曼公司（简称诺格）和德事隆集团。2004 年 5 月，美国海军宣布最终竞标结果，通用动力公司与洛克希德·马丁公司同时获选。

2005 年 5 月，美国正式命名首艘濒海战斗舰 LCS-1 为"自由"号，即自由级濒海战斗舰首舰，由洛克希德·马丁公司领导建造。"自由"号于 2005 年 6 月 2 日在美国马里内特海事公司位于威斯康星州的马里内特造船厂开工建造，2006 年 9 月 23 日下水，2008 年 11 月 8 日服役。

基本参数	
舰长	115.3米
舰宽	13.16米
吃水	3.96米
排水量	2176吨（标准） 3089吨（满载）
航速	45节
续航力	4500海里 / 16节
舰员编制	70人
动力系统	2台MT30燃气轮机 2台16PA6B STC柴油发动机 4台V1708柴油发电机

■ 性能特点

自由级濒海战斗舰能搭载无人飞机、无人水面和水下载具，具有吃水浅、航速高的特点，可灵活调整战斗模块，实现"即插即用"。其舰艇装备一门"博福斯"MK110 型 57 毫米舰炮；直升机库上方设有一套 RIM-116"拉姆"防空导弹发射器，还预留两个武器模组安装空间，设置了垂直发射器装填短程防空导弹或 MK46 型舰炮模组。

▲ 自由级濒海战斗舰

相关链接 >>

　　自由级濒海战斗舰是为取代佩里级护卫舰而在 20 世纪 90 年代初期进行的 SC-21 水面战斗舰艇计划的一部分，是冷战后美国舰艇转型的一种体现。该级舰主要着眼于在沿岸水域的各种低强度作战需求，是美国军事力量网络化和全球化的重要组成部分。

独立级濒海战斗舰（美国）

■ 简要介绍

独立级濒海战斗舰，是美国海军濒海战斗舰（LCS）系列的舰级之一，其前身是20世纪90年代初美国SC-21水面战斗舰艇计划的一部分，是冷战后美国舰艇转型的一种三体试验舰。2003年7月17日，美国海军宣布洛克希德·马丁公司、通用动力公司和雷神公司通过初选。

2006年1月，由通用动力公司设计的三体船濒海战斗舰首舰LCS-2在奥斯塔造船厂铺设龙骨，同年4月4日被命名为"独立"号，2008年4月26日下水，2010年1月16日在亚拉巴马州的莫比尔市举行了服役仪式。至2018年，该级濒海战斗舰共投入建造13艘，其中7艘已服役。期间通用动力公司向国际市场推出了以独立级濒海战斗舰为基型的出口型号。

基本参数	
舰长	127.6米
舰宽	31.6米
吃水	4.27米
排水量	2176吨（标准） 2784吨（满载）
航速	45～50节
续航力	4300海里/20节
舰员编制	78人
动力系统	2台MT30燃气轮机 2台16PA6B STC柴油发动机 4台V1708柴油发电机

■ 性能特点

独立级濒海战斗舰装备有一套MK110型57毫米隐形舰炮系统，配用"多娜"舰炮火控系统，底部可以配置一部非观瞄导弹发射装置，可发射精确攻击导弹。在直升机机库上方装有2门30毫米舰炮和一套RIM-116"拉姆"反舰导弹防御系统。其MK48通用型垂直发射系统能发射北约改进型"海麻雀"防空导弹和"阿斯洛克"反潜导弹。

相关链接 >>

独立级濒海战斗舰作为一种快速、易操作和可联网的作战武器，能够和其他舰船、潜艇、飞机、卫星联合作战，和濒海战斗舰集群联网来共享战术信息，即把海洋、陆地、天空、太空和计算机网络，以前所未有的程度综合到一起。独立级濒海战斗舰是美国军事力量网络化和全球化、美国军事战略由远洋走向近海的重要标志。

▲ 独立级濒海战斗舰

21630 型护卫舰 (俄罗斯)

■ 简要介绍

21630 型护卫舰，别称"布扬级炮艇"，是俄罗斯海军于 20 世纪与 21 世纪之交推出的一种专门为近海巡逻打造的小型巡逻导弹舰。苏联解体后，俄罗斯虽然较少设计建造新的大型水面作战舰艇，但是先后推出了多种小型作战舰艇，其中 21630 型护卫舰的尺寸和排水量最小，是俄罗斯海军专门为里海舰队身定做的小型舰艇。1999 年，俄罗斯海军针对 21630 型护卫舰的建造进行公开招标，多家造船厂参与竞争。经过多轮仔细评估后，2003 年春季，俄罗斯海军宣布金刚石船舶制造公司胜出，由其负责设计建造。

本级舰共 3 艘，首舰"阿斯特拉罕"号于 2004 年 1 月 30 日开工，2005 年 10 月 7 日下水，2006 年 11 月 1 日服役，加入俄罗斯海军里海舰队。2 号舰"伏尔加顿斯克"号于 2005 年 2 月 25 日开工，2011 年 5 月 6 日下水，2011 年 12 月 28 日进入里海舰队服役。3 号舰"马哈奇卡拉"号于 2006 年 3 月 24 日开工，2012 年 4 月 27 日下水，2012 年 12 月 4 日进入里海舰队服役。

基本参数

基本参数	
舰长	62米
舰宽	9.6米
吃水	2.5米
排水量	520吨（标准） 600吨（满载）
航速	26节
续航力	1500海里 / 15节
舰员编制	34人
动力系统	2台MTU16V4000M90柴油机

■ 性能特点

21630 型护卫舰的上层建筑及武器系统的外形简洁流畅，可减小雷达反射信号的强度，烟囱置于两舷侧以减小红外信号的强度。舰艇安装 1 座先进的 A-190 型 100 毫米高平两用火炮。甲板两舷各布置 1 套 AK-306 型 6 管 30 毫米"加特林"自动近防火炮系统。舰艉甲板上安装 1 套 UMS-73"冰雹"120 毫米多管火箭炮发射系统。

相关链接 >>

21630 型护卫舰适于里海地区和沿岸海域的作战，其防空作战能力较强，既可打击海上舰船，也可攻击海岸目标。21630 型护卫舰与 11661 型护卫舰组成搭档护卫里海地区。

▲ 21630 型护卫舰

22350 型护卫舰 (俄罗斯)

■ 简要介绍

22350 型护卫舰，是俄罗斯海军在冷战结束后提出的第一种主力水面作战舰艇。1991 年，俄罗斯开始研制融合新型装备、先进系统，综合作战能力强大的几种新型中型防空舰艇，后由于种种原因中断了 10 余年。2003 年 7 月，俄罗斯海军才正式公布 22350 型护卫舰项目，并交由位于圣彼得堡的北方设计局负责设计工作。俄罗斯海军对 22350 型护卫舰十分重视，因为这种舰艇是俄罗斯在苏联解体后，第一种从头设计、开工建造的主力水面作战舰艇。虽然俄罗斯海军在苏联解体后仍继续建造若干大型舰艇，但都是对苏联时代遗留的未成品进行施工。

俄海军计划在之后 15~20 年内批量建造至少 20 艘 22350 型护卫舰，四大舰队每支舰队至少 5 艘。2006 年 2 月 1 日，首舰"戈尔什科夫海军元帅"号在北方造船厂开工，2010 年 10 月 29 日下水；第 2 艘，也是首艘量产型舰"伊萨科夫海军上将"号则于 2009 年开建。

基本参数	
舰长	135米
舰宽	16米
吃水	4.5米
航速	29节
续航力	4000海里 / 14节
舰员编制	210人
动力系统	2台M90FR燃气轮机 2台10D49柴油机

■ 性能特点

22350 型护卫舰的排水量为 4500 吨左右，主桅杆安装四面固定式多功能相控阵雷达，为舰艏 28 单元"鲁道特"导弹垂直发射装置发射导弹提供制导，主桅杆顶端安装一具旋转式三维搜索相控阵雷达，舰艏装备一门 130 毫米舰炮，并将反舰导弹装填于"鲁道特"后方的另一种垂直发射装置中，可装填 16 枚"红宝石"或"布拉莫斯"反舰导弹。

相关链接 >>

依照俄罗斯当时的建军计划，北方造船厂在 2020 年前应交付 6 艘 22350 型护卫舰。2019 年 4 月 23 日，"戈尔什科夫海军元帅"号在青岛附近海域参加了海上阅兵活动。

▲ 22350 型护卫舰

西北风级护卫舰（意大利）

■ 简要介绍

　　西北风级护卫舰，是意大利海军于 20 世纪 70 年代末开始建造的以反潜为主的多用途护卫舰。20 世纪 70 年代初，意大利海军参谋部认为狼级护卫舰的作战性能优秀，但是反潜能力仍然欠缺。因此，意大利海军一边建造狼级护卫舰，一边开始设计狼级护卫舰的放大型护卫舰，将舰体尺寸、排水量放大以增大适航性、增强侦测能力、增加电子系统数量，重点是加强反潜能力。新舰被命名为"西北风"级，其不仅跟狼级护卫舰一样能担负水面任务，也能执行反潜作战。

　　1975 年，意大利海军参谋部批准了这级反潜护卫舰的设计。首舰于 1978 年 3 月开工，1981 年 2 月下水，1982 年 3 月完工服役。

基本参数

基本参数	
舰长	122.73米
舰宽	12.9米
吃水	4.2米
排水量	2800吨（标准） 3200吨（满载）
航速	33节（燃气轮机） 21节（柴油机）
续航力	6000海里 / 15节
舰员编制	232人
动力系统	2台LM-2500燃气轮机 2台GMT BL-230-20 DVM柴油机

■ 性能特点

　　西北风级护卫舰沿用狼级护卫舰的 IPN-20 作战系统，拥有由 2 套高速电脑组成的主处理系统。其雷达系统大多与狼级护卫舰相同，声呐系统则是更先进完备的 DE-1164 中频声呐系统。该级舰的反潜火力较狼级护卫舰强化不少，除了 2 座三联装 MK32 型水面船舰鱼雷管之外，另增 2 具 533 毫米 B-516 重型鱼雷发射器。

西北风级护卫舰舰体构型合理，改善了适航性，用了与狼级护卫舰相似的小球鼻状舰艏、楔形舰艉等，采用柴燃联合动力系统（CODOG）。柴油机换为推力更大的 GMT BL-230-20 DVM 柴油机，虽然吨位较大，但巡航速度略有提升；其螺旋桨直径较大，转速变慢，减少了噪声，利于反潜作战。

▲ 西北风级护卫舰

七省级护卫舰（荷兰）

■ 简要介绍

七省级护卫舰，是荷兰于2000年定型，以荷兰独立之初的七个省份来命名的皇家海军主力防空与指挥舰艇。1988年1月，北约展开20世纪90年代护卫舰替代计划，但在1990年1月瓦解了，出现两个欧洲新一代中型防空舰艇共同研发计划：一个是英、法两国在1991年提出的未来护卫舰计划；另一个就是德国、荷兰于1990年签署的新一代护卫舰共同开发协议。1994年年初西班牙加入后者，护卫舰计划随之改为三国共同护卫舰计划。

早在1993年12月15日，荷兰皇家海军便与皇家须尔德造船厂签订七省级护卫舰的建造合约，其细部设计则在1995~1997年进行。荷兰皇家海军最初只打算采购2艘七省级护卫舰，但在1995年6月3日正式签约时增至4艘。

首舰"七省"号于1998年开工建造，2000年4月8日下水，2002年4月26日交付荷兰海军展开测试，2004年4月正式进入荷兰海军服役并担负战备任务；其余3艘七省级护卫舰则分别在2003年3月、2004年4月与2005年6月交付。

基本参数

基本参数	
舰长	144.2米
舰宽	18.8米
吃水	5.2米
排水量	6048吨（满载）
航速	28节
续航力	5000海里/18节
舰员编制	204人
动力系统	2台斯佩SM-1C燃气涡轮 2台瓦锡兰鹊16V6ST柴油机

■ 性能特点

七省级护卫舰采用隐身外形设计，注重降低雷达、红外线、噪声与磁场等信号的强度，并强调提高舰艇存活率。提高舰艇存活率的措施包括舰体结构强化以抵挡高爆弹的破片、采用双层舱壁加强抗击能力、舰上重要系统采取重复配置、动力系统分散化、完善的消防与核生化防护等，舰上分隔为7个独立的水密隔舱区以及2个核生化气密防护区。

相关链接 >>

七省级护卫舰舰艏 A 炮位安装 1 门意大利奥托·梅莱拉公司生产的 127 毫米舰炮，射速 45 发 / 分。前 2 艘使用部族级驱逐舰的旧 127 毫米舰炮，后 2 艘使用新建造的炮。127 毫米舰炮 B 炮位能装 6 组八联装 MK–41 VLS 垂直发射模块，装填标准 SM–2 区域防空导弹。

▲ 七省级护卫舰

阿尔瓦罗·巴赞级护卫舰 (西班牙)

■ 简要介绍

阿尔瓦罗·巴赞级（项目名称为 F-100 型）护卫舰，是西班牙海军隶下搭载美制宙斯盾水面战斗系统的防空导弹护卫舰。1995 年，西班牙认为自己在三国共同护卫舰计划（TFC）的核心——舰载防空系统研发中分到的工作量太少，加上 APAR 主动相控阵雷达、战斗系统等都要全新研发，风险与成本实在太大，遂于 1995 年 6 月退出三国共同护卫舰计划。西班牙的阿尔瓦罗·巴赞级护卫舰计划则继续进行，改而采用美制"宙斯盾"作战系统的外销衍生型——以"宙斯盾"Baseline5.3 为基础来发展海军的先进分散式战斗系统（DANCS）。为了容纳"宙斯盾"系统以及巨大的 SPY-1D 雷达系统，在美国洛克希德·马丁公司的协助下，西班牙对阿尔瓦罗·巴赞级护卫舰的舰体设计进行了重大修改，舰体的长度与宽度都有所增加。

本级舰共建造 5 艘：F-101 "阿尔瓦罗·巴赞"号、F-102 "胡安·德博尔冯"号、F-103 "布拉斯·莱索"号、F-104 "门德斯·努涅斯"号、F-105 "克里斯托弗·哥伦布"号。2002 年 9 月，首舰"阿尔瓦罗·巴赞"号正式服役；2012 年 3 月 12 日，最后一艘"克里斯托弗·哥伦布"号也开始进行海试。

基本参数	
舰长	146.7米
舰宽	18.6米
吃水	4.9米
排水量	6400吨（满载）
航速	28节
续航力	4500海里 / 18节
舰员编制	229人
动力系统	2台LM-2500燃气轮机 2台Bazan-Caterpillar 3600柴油机

■ 性能特点

阿尔瓦罗·巴赞级护卫舰得益于美制"宙斯盾"系统，有很强的区域防空作战能力。该级舰进行了隐身设计，舰体表面采用倾斜造型并避免尖锐棱角以降低雷达散射截面积（RCS）。整合系统包括美国雷神公司的 DE-1160LF 舰艏声呐、西班牙的 DORNA 复合式雷达（光电舰炮火控系统）、DLT-309 反潜火控系统、西班牙自制的电战装备等。

相关链接 >>

阿尔瓦罗·巴赞级护卫舰是继美国提康德罗加级巡洋舰、阿利·伯克级驱逐舰以及日本金刚级驱逐舰之后，又一种配备"宙斯盾"系统的军舰。挪威的南森级护卫舰和澳大利亚的霍巴特级驱逐舰都是该项目的产物。

▲ 阿尔瓦罗·巴赞级护卫舰

南森级导弹护卫舰（挪威）

■ 简要介绍

南森级（亦称 F-310 型）导弹护卫舰，是挪威海军在 21 世纪初研发的当时世界上最小的宙斯盾舰。1994 年，挪威皇家海军为了取代 20 世纪 90 年代陆续退役的 5 艘奥斯陆级护卫舰，提出新一代护卫舰需求方案，概念设计于 1997 年 3 月展开。在 1998 年年底，挪威海军向全球 14 家厂商发下招标书。

1999 年 3 月，共有 3 个竞争团队的方案通过第一阶段审查，一是由美国洛马公司、波音公司以及西班牙伊扎尔造船公司（后改组为纳万蒂亚）联合提出的先进护卫舰销售联盟（AFCON）方案；二是德国 B+V 造船厂的 MEKO 200 护卫舰方案；三是挪威克瓦纳集团提议的挪威护卫舰方案。最终的竞标结果于 2000 年 2 月揭晓，先进护卫舰销售联盟方案获得胜利。先进护卫舰销售联盟方案计划以西班牙 F-100 宙斯盾护卫舰为基础，发展一系列先进护卫舰。

2000 年 6 月 23 日，挪威海军与先进护卫舰销售联盟签署了 5 艘护卫舰的建造合约，总值约 25 亿美元。这 5 艘护卫舰于 2004 年到 2011 年陆续服役。此种护卫舰被挪威皇家海军命名为南森级，国际代号为 F-85，西班牙则依照挪威赋予首艘南森级的编号称之为 F-310。

基本参数

舰长	132米
舰宽	16.8米
吃水	4.9米
排水量	4100吨（标准） 5290吨（满载）
航速	27节
舰员编制	120人
动力系统	1台LM-2500燃气轮机 2台Izar Bravo 12V柴油机

■ 性能特点

南森级护卫舰参考西班牙阿尔瓦罗·巴赞级护卫舰进行设计，装备了美制"宙斯盾"战斗系统与 AN/SPY-1 无源相控阵雷达，是欧洲第二款装备"宙斯盾"系统的军舰。该级舰的主要作战方向是反潜。该级舰装备 MSI-2005F 反潜作战系统，此系统整合有舰艏主（被）动声呐以及主（被）动拖曳声呐。

相关链接 >>

挪威海军已服役5艘南森级护卫舰，海上作战能力迅速提升，海上作战范围也极大扩展，挪威海军和平时期承担非战斗任务的能力得到加强。这样一来，挪威海军在北约快速反应部队和常设联合舰队中能发挥更大的作用，在北约中的地位也得以提高。

▲ 南森级导弹护卫舰发射防空导弹

维斯比级护卫舰（瑞典）

■ 简要介绍

维斯比级护卫舰，是瑞典海军于 20 纪世与 21 世纪之交研制的轻型护卫舰。1988 年，瑞典开始进行新一代舰艇计划——研制小型水面舰艇（YSM）。由于小型水面舰艇的规模与实力有限，其上不可能安装抵御俄罗斯强大海空攻势的防空自卫系统，故无法在开阔水域直接迎战。瑞典海军遂执行守势作战，将主要战场设定在瑞典海岸的峡湾处，此复杂地形制造的雷达背景回波可起掩护作用，为瑞典海军争取更多反击与自卫的时间，瑞典海军朝外海方向发动导弹攻势则不受任何干扰，如此可大幅抵消对方火力优势并提高存活率。除小型水面舰艇之外，当时瑞典海军还有另一个舰艇研发计划——大型水面舰艇（YSS）。不过评估之后，瑞典于 1993 年将二者合并，成为后来的水面舰艇2000（YS-2000）计划。

1995 年，瑞典皇家海军与科库姆造船厂签约，建造 2 艘 YS-2000 基本型舰艇；首舰"维斯比"号于 2000 年 6 月 8 日下水。2001 年，瑞典海军追加 YS-2000 舰艇的订单为 5 艘，后续舰的建造工作计划等到首舰的测试结束后进行。2005 年，维斯比级护卫舰开始服役。

基本参数

基本参数	
舰长	72米
舰宽	10.4米
吃水	2.4米
排水量	550吨（标准） 620吨（满载）
航速	35节
舰员编制	43人
动力系统	4台Alliedsignal TF-50A燃气轮机 2台MTU 16V2000N90柴油机 2台KaMeWa 125S-2水喷射推进器

■ 性能特点

维斯比级护卫舰为确保隐身性，采用更耐撞的碳纤维复合材料，涂抹了红外散射涂料，设计专用的防震吸音底座等。该舰依靠多种系统装置来维持运行，最快航速可达 35 节。为增强反潜能力，该级舰安装了探测深度为 1 千米的综合声呐系统，搭载有主被动声呐制导反潜鱼雷的发射管以及 CS-3701 的电子战支援系统等。

相关链接 >>

维斯比级护卫舰是以复合材料取代
钢材作为舰体的海上舰艇之一，不仅在
各种信号的抑制上采用了先进的技术与极端、
彻底的隐身手段，更致力于降低舰上装备对
雷达隐身性能的破坏（尽可能将装备隐藏
在舰体内或采取可折收式设计，并使用
低截获率雷达），成为全面隐身舰艇
的先驱。

▲ 维斯比级护卫舰舰炮

欧洲多任务护卫舰（法国/意大利）

■ 简要介绍

欧洲多任务护卫舰（FREMM），是法国与意大利联合建造的新一代护卫舰，法国版称为阿基坦级，意大利版称为米尼级。2001年年底至2002年年初，意大利与法国造舰局对双方的造舰需求进行研究，发现双方需求类似，于是一拍即合，计划合作研发欧洲多任务护卫舰。双方的合作方案在2004年10月25日获得两国批准，正式展开研发工作，法方的主要承造单位是洛里昂海军船厂，意方则由里瓦特里戈索造船厂担纲。

意大利海军购买了10艘：2006年5月，签署首批2艘欧洲多任务护卫舰建造合约；2008年2月，订购第二批4艘；而剩余的4艘分两批（各2艘），分别在2013年与2015年签约。首舰"米尼"号在2013年5月29日交付意大利海军。

2008年9月中旬，法国在国家安全白皮书中表示，为了节省财政开支，将欧洲多任务护卫舰的订购总数降为11艘，平均交舰速度也由原定的每7个月一艘减缓至每10至11个月一艘，预定于2012~2022年交付。首舰"阿基坦"号在2012年11月27日交付法国海军。

基本参数

舰长	140.4米
舰宽	19.7米
吃水	5米
排水量	满载约5750吨（法国版） 满载约6250吨（意大利版）
动力系统	1台LM-2500+G4燃气轮机 4组1.2MW级柴油发电机组 2台EPM主推进电机

■ 性能特点

欧洲多任务护卫舰具有高生存性，采用钢材制造，采用能抵抗核爆震与外部污染的气密堡垒构型，主要作战指挥舱室与动力轮机舱房都设置了钢板装甲，舱壁中间保留中空结构；水线以下分隔成11个水密隔舱，3个相连舱室进水，船身也能浮在水面。此外，还配备相控阵雷达、"紫菀"防空导弹。

▼ 欧洲多任务护卫舰法国阿基坦级

相关链接 >>

欧洲多任务护卫舰是新锐护卫舰建造计划和国际国防合作的范例之一。该级舰大量应用拉斐特级护卫舰与地平线级驱逐舰的开发经验，舰上所有的装备都沿用现成品并重新进行配置。该级舰采用的制造工艺使其即使被 2 枚鱼叉等级的中型反舰导弹击中，仍有90%的概率维持不沉，保有部分战斗力。

▲ 欧洲多任务护卫舰意大利米尼级

驱逐舰

　　19 世纪 70 年代，一些大型舰艇经常被"鱼雷艇"攻击，针对这种颇具威力的小型舰艇，英国于 1893 年建成"哈沃克"号鱼雷艇驱逐舰，该舰携带 1 座三联装 450 毫米鱼雷发射管，用于攻击敌方大舰。20 世纪初，驱逐舰进入各国海军服役，开始安装较重型的火炮和更大口径的鱼雷发射管，并采用汽轮机作为动力。后来，驱逐舰组成的鱼雷战舰艇部队成为海军舰队的主力。

　　一战期间，驱逐舰携带鱼雷和水雷，频繁进行舰队警戒与护航，以及通过布雷来保护补给线，有的驱逐舰还装备扫雷工具作为扫雷舰艇使用，有的驱逐舰甚至被直接用来支援两栖登陆作战。一战结束后，驱逐舰得到很大发展，吨位、火力、航速、续航力都有很大的提高，尤其是美英两国的驱逐舰，已经发展成可以伴随舰队在远海大洋机动作战的舰队驱逐舰。

　　二战期间，没有一种海军战斗舰艇的用途比驱逐舰更加广泛。二战后，驱逐舰的作战形式和武装都发生了巨大的变化。20 世纪 80 年代末，美国以提康德罗加级巡洋舰为蓝本，建造了它的简化版——阿利·伯克级驱逐舰，其他国家也陆续建造了一大批各具特色的现代驱逐舰。

阿利·伯克级驱逐舰（美国）

■ 简要介绍

阿利·伯克级（简称伯克级）驱逐舰，是美国海军于20世纪80年代末建造的配备四面相控阵雷达的驱逐舰。1981年里根任总统，美国扩大海军建设投入，新任海军部长莱曼制订了著名的"600艘舰艇"大海军计划。这一计划下，美国海军防空舰艇的缺口显现，如果美国海军不能在20世纪80年代中期推出新一代导弹驱逐舰，那么随着现役老舰退役，舰队护航兵力将出现空白期，于是之前制订的、执行缓慢的DD-X驱逐舰计划开始全速推进。

新驱逐舰的设计由美国海军海上系统司令部负责。1982年2月，设计概要确定，方案上呈海军作战部长海沃德，海沃德于1982年3月26日正式批准此方案，同时将DDG（X）驱逐舰更名为DDG-51。1983年，DDG-51的初步设计终告完成。

1985年4月2日，美国海军与巴斯钢铁造船厂签署首舰DDG-51的建造合约。首舰"阿利·伯克"号于1988年12月开工，1989年9月16日下水，1991年7月4日美国国庆日进入美国海军服役。该级舰还在建造，是世界上建造数量较多的现役驱逐舰。

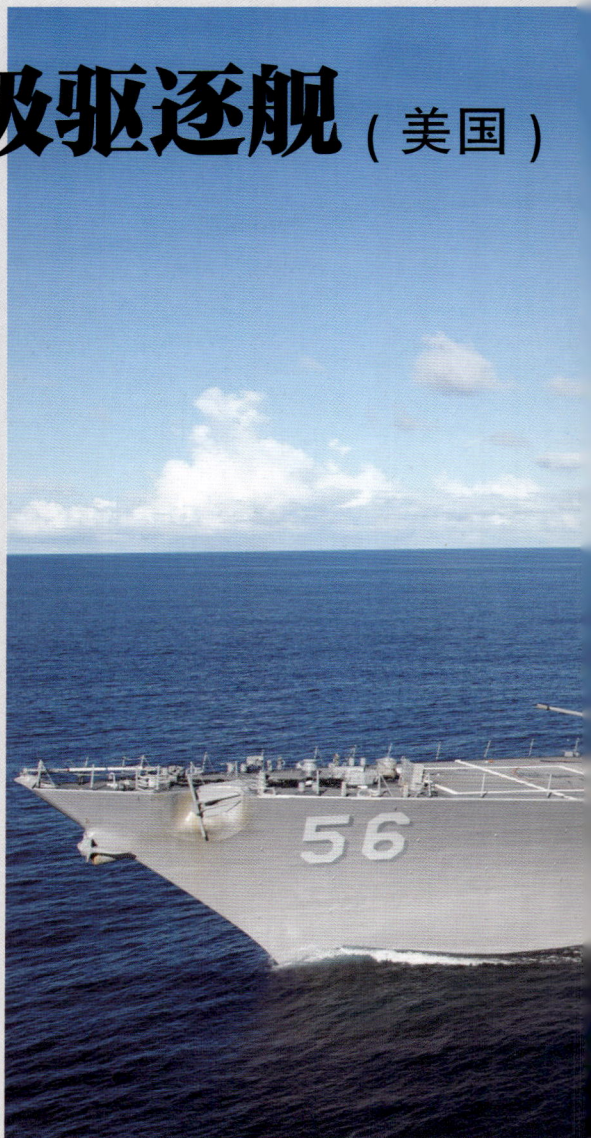

基本参数	
舰长	153.77米
舰宽	20.4米
吃水	6.3米
排水量	6624吨（标准） 8315吨（满载）
航速	31节
续航力	4200海里/20节
舰员编制	337人
动力系统	4台LM-2500燃气轮机

■ 性能特点

"阿利·伯克"号驱逐舰是第一艘采用隐身设计的美国军舰，其上层结构向内倾斜收缩以降低雷达散射截面积（RCS），舰体的一些垂直表面涂有雷达吸收涂料。该舰采用"宙斯盾"战斗系统SPY-1D被动相控阵雷达，结合了MK-41垂直发射系统。舰载武装有MK-45舰炮、SM-2防空导弹、"战斧"巡航导弹、"火箭"助飞鱼雷等。

相关链接 >>

美国在 2010~2011 年财政年度编列的 3 艘阿利·伯克级驱逐舰的作战系统更换为最新版本，包括新开发的 AN/SQR-20 综合多功能线列阵声呐系统以及配套的 AN/SQQ-89A(V)15 水下作战系统。在 2012 年建造的 6 艘改进型伯克 Flight 2A 则开始采用若干 DDG-1000 的技术，包括全新电力供应系统与发电机。

▲ 阿利·伯克级驱逐舰发射防空导弹

朱姆沃尔特级驱逐舰（美国）

■ 简要介绍

朱姆沃尔特级驱逐舰，是美国海军新一代多用途对地打击宙斯盾舰。1992年9月，美国海军司令、美国海军作战部长与美国海军陆战队司令共同颁布"由海向陆"的战略白皮书，随后在10月提出"21世纪驱逐舰技术研究"计划，其概念随后被纳入美国海军新一代水面作战舰艇框架之中，即SC-21水面战斗舰艇计划。之后此计划饱受挫折，最终于1998年1月正式立项。

美国海军考虑到本级舰是一种从里到外都深具革命性的崭新舰艇，为降低风险，宣布参与厂商必须组成两个造舰团队来角逐，每个团队各由一家造船厂与一家系统承包商主导，而两个团队分别由亨廷顿·英格尔斯造船厂、雷神公司、波音公司组成，以及由通用巴斯钢铁造船厂、洛马公司组成。2002年4月29日，美国海军宣布前者夺标。

本级舰计划建造3艘，首舰"朱姆沃尔特"号于2008年10月开始建造，2016年10月15日正式服役。2010年3月，2号舰"麦可·蒙苏尔"号开始建造，2016年11月服役。2012年4月4日，3号舰"林登·约翰逊"号开工，2018年12月服役。

基本参数	
舰长	182.8米
舰宽	24.1米
吃水	8.1米
排水量	14564吨（满载）
航速	30节
舰员编制	140人
动力系统	2台Rolls Royce MT-30燃气轮机 2台Rolls Royce 4500燃气轮机 2台永磁步进电机

■ 性能特点

朱姆沃尔特级驱逐舰以联合防卫公司与雷神公司新开发的周边垂直发射系统（AVLS）以及联合防卫公司的155毫米先进舰炮系统（AGS）作为主要武器系统，配备数种垂直发射的对地攻击导弹，包括"战斧"巡航导弹、战术型"战斧"巡航导弹（TACTOM）、对地型标准导弹（LASM）以及先进对地导弹（ALAM），满足不同的需求。

相关链接 >>

朱姆沃尔特级驱逐舰的舰体、动力、通信、侦测、武器等都是全新研发的科技结晶，有十大关键技术：穿浪逆船舷舰体、MK-57垂直发射系统、整合复合材料舰岛与孔径、红外线模型、整合式电力推进、双波段雷达、整合水下作战系统、先进舰炮系统、舰上共通运算环境、自动火灾抑制系统。

▲ 朱姆沃尔特级驱逐舰

1155 型反潜舰（苏联 / 俄罗斯）

■ 简要介绍

    1155 型反潜舰，是苏联于 20 世纪 70 年代建造，以反潜为主要任务的大型舰艇，属于驱逐舰的一种。当时鉴于 1135 型反潜舰在地中海危机中所暴露出的反潜能力不足的问题，为了应对美国海军斯普鲁恩斯级驱逐舰，苏联决定研制一种大型导弹舰。由于苏联的电子、武备较落后且体积较大，只能分工合作，因而苏联提出"1 加 1 大于 2"思想，即由 1155 型反潜舰负责反潜和防空，956 型驱逐舰负责反舰，两艘舰艇搭配起来在火力上将压倒斯普鲁恩斯级驱逐舰。

    首舰"无畏"号于 1977 年 7 月 23 日在加里宁格勒州的杨塔尔造船厂开工，1980 年 12 月 31 日服役于北方舰队。本级舰在苏联时期共建成 12 艘。1999 年 2 月 20 日，又有一艘改进型无畏Ⅱ级"恰巴年科海军上将"号服役，因此共有 13 艘 1155 型反潜舰。

基本参数

基本参数	
舰长	163.5 米
舰宽	19.3 米
吃水	7.79 米
排水量	6930 吨（标准） 7570 吨（满载）
航速	35 节
续航力	4500 海里 / 18 节
动力系统	2 台高速燃气轮机 2 台低速燃气轮机

■ 性能特点

    1155 型反潜舰的早期舰只有 2 座 URPK-3 型四联装箱式反潜导弹发射装置，发射 85R 型反潜导弹。20 世纪 80 年代建造的 1155 型反潜舰都换装了 UPK-5 型反潜反舰两用导弹系统，使用 85RU 型导弹，战斗部为 UMGT-1 型 400 毫米鱼雷。同时，为了摧毁水面舰艇，改型导弹还可以配备热寻的引导头，在火箭吊舱里装备烈性炸药，作为反舰导弹使用。

相关链接 >>

　　1983 年，苏联决定在 1155 型反潜舰基础上研制一艘用于执行高危险海区任务的防空军舰——无畏Ⅲ级反潜舰，第一艘价格只有无畏级反潜舰的 80%，后面的价格被严格控制在 70%。无畏Ⅲ级反潜舰可以直接对抗美国的饱和攻击，甚至超饱和攻击，但 1991 年苏联解体，这艘已经完成 85% 的舰艇被迫停止建造。

▲ 1155 型"无畏"号反潜舰

45 型驱逐舰 （英国）

简要介绍

45 型（亦以首舰命名称为勇敢级）驱逐舰，是英国皇家海军在 21 世纪推出的一代防空导弹驱逐舰。早在 20 世纪 80 年代，英国皇家海军就已开始规划用于取代 42 型驱逐舰的新型防空导弹驱逐舰，提出了 43 型驱逐舰设计方案，但由于造价太高而被政府取消。之后 10 余年，英国又曾参与、退出北约通用中型防空舰艇合作开发计划（NFR-90）。1999 年 8 月开始，英国厂商开始 45 型驱逐舰概念研究；此时英国国防部也为进行 45 型驱逐舰采购制订相关文件。在这个阶段，45 型驱逐舰被定为排水量约 6000 吨并配备 PAAMS 防空系统的衍生型号。2000 年 7 月 11 日，英国国防部宣布购买首批 3 艘 45 型驱逐舰。

45 型驱逐舰的建造时间不断延后。直到 2003 年 3 月 28 日，首舰"勇敢"号才开工建造，于 2006 年 2 月 1 日下水。本级舰原定建造 12 艘，然而皇家海军经费持续缩减，数量降至 6 艘；2013 年 12 月 30 日，最后一艘 45 型驱逐舰"邓肯"号正式入列皇家海军。

基本参数	
舰长	152.4米
舰宽	21.2米
吃水	5.7米
排水量	5800吨（标准） 7350吨（满载）
航速	30节
舰员编制	235人
动力系统	2台燃气轮机与阿尔斯通发电机组 2台柴油交流发电机组 2台推进用电动机

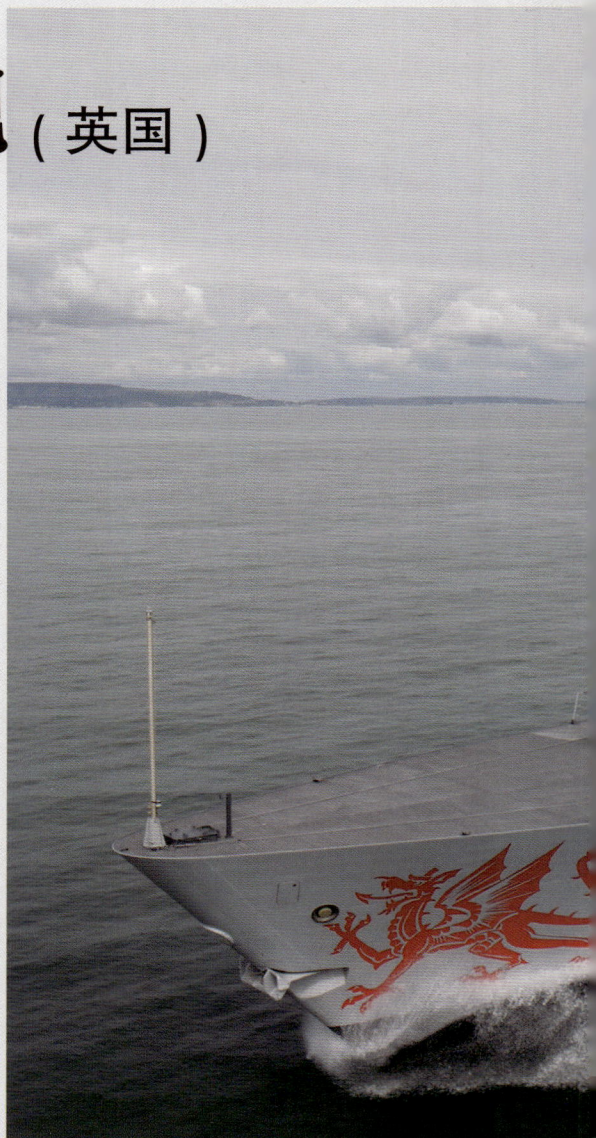

性能特点

45 型驱逐舰围绕 PAAMS 导弹系统，配备性能优异的"桑普森"相控阵雷达和 S-1850M 远程雷达，并划时代地采用了集成电力推进系统（IEP）。其武器装备有"紫菀"防空导弹、MK-8 Mod1 114 毫米 55 倍径舰炮、DS-30 机炮，还加装有美制密集阵 MK-15 Block 1B 近迫武器系统和"鱼叉"反舰导弹等。

▲ 45 型驱逐舰控制室一角

相关链接 >>

45 型驱逐舰在建造观念、自动化程度、动力系统、科技层次等方面在当时都十分领先，其"桑普森"雷达、"紫菀"防空导弹的技术层次与各项性能均不逊于美国 SPY-1D 雷达与"海麻雀"防空导弹的组合。然而受限于经费与国力，45 型驱逐舰的舰体规模与火力都与最初的期望有不小差距。

地平线级驱逐舰（法国／意大利）

■ 简要介绍

地平线级驱逐舰，是法国与意大利联合研制的新一代中型防空舰艇。1991年，英国为取代42型驱逐舰，而法国为新造"戴高乐"号航空母舰寻找主要防空舰，两国提出"下一代共通护卫舰"计划，次年意大利也参与其中，之后英国退出。法、意两国国防部长在2000年9月正式签署地平线级驱逐舰的发展建造协议，由法国国有船舶制造集团、泰雷兹集团及意大利芬坎蒂尼集团、芬梅卡尼卡集团等主承包商成立的地平线（Horizon）SAS公司负责研发整合工作。

法国在2000年10月27日签署订购2艘地平线级驱逐舰的合约，首舰"福尔班"号在2002年4月8日开工，2005年3月10日下水，2008年12月9日完成交付。2号舰"骑士保罗"号则在2003年12月开工，2006年7月12日下水，2009年12月21日交付海军。

意大利订购的2艘地平线级驱逐舰由芬坎蒂尼船厂建造。首舰"安多利亚·多利亚"号在2002年7月19日开工，2005年10月16日下水，2007年12月22日交付；2号舰"卡欧·迪里奥"号则在2003年9月19日开工，2007年10月23日下水，2009年4月3日服役。

基本参数	
舰长	152.87米
舰宽	20.3米
吃水	5.4米
排水量	5600吨（标准） 6635吨（满载）
航速	29节
续航力	7000海里／18节
舰员编制	174人
动力系统	2台燃气轮机 2台柴油机

■ 性能特点

地平线级驱逐舰的舰体具有多种隐身设计，主要武器系统为法国与意大利合作发展的基本型防空导弹系统（PAAMS）。该级舰的主要武装是6组八联装的Sylver A-50垂直发射系统，依照法国的配置，均装填"紫菀"防空导弹，其中32管装填"紫菀-30"中程防空导弹，另外16管装填"紫菀-15"短程防空导弹。

相关链接 >>

地平线级驱逐舰与45型驱逐舰都是欧洲的新锐防空舰艇，从细节到主体设计无一不是欧洲国防科技的结晶。需要指出的是，法国海军将地平线级驱逐舰称为护卫舰，并列为一等护卫舰，因此法国的一等护卫舰实际上就是其他国家的驱逐舰。

▲ 地平线级驱逐舰

金刚级驱逐舰（日本）

■ 简要介绍

金刚级驱逐舰是日本海上自卫队所配属，为了提高防空能力而建造的驱逐舰，采用"宙斯盾"战斗系统。在冷战时代，身为岛国的日本，由于各种能源及资源都依赖进口，因此确保海上运输路线的安全成为非常重要的课题。当时日本的驱逐舰的防空能力有限，不足以应对来自苏联的飞机、水面舰、潜艇的多方位导弹攻击。因此旗风级驱逐舰在建造 2 艘之后，后续 3 艘在 1985 年取消，海上自卫队转而选择性能更优越的美国"宙斯盾"舰载防空系统。1988 年，日本海上自卫队正式决定仿照美国伯克级"伯克"号导弹驱逐舰建造配备"宙斯盾"系统的大型导弹驱逐舰，并于 1990 年年底提出"次期中期防卫力整备计划"（1991~1995 年度），正式将其列为军事装备采购项目。

金刚级驱逐舰一共建造了 4 艘，首舰"金刚"号于 1990 年 5 月 8 日在三菱重工长崎造船厂开工，1991 年 8 月 26 日下水，1993 年 3 月 25 日服役。末舰"鸟海"号于 1995 年 5 月 29 日在石川岛播磨重工开工，1996 年 8 月 27 日下水，1998 年 3 月 20 日服役。

基本参数	
舰长	161米
舰宽	21米
吃水	6.2米
排水量	7250吨（标准） 9485吨（满载）
航速	30节
续航力	6000海里 / 20节
舰员编制	300人
动力系统	4台LM2500燃气轮机

■ 性能特点

金刚级驱逐舰的设计大体与"伯克"号驱逐舰构型相同，其"宙斯盾"系统为专为本级舰设计的 Baseline-J 版。其舰载主炮是一门单管 127 毫米 54 倍径自动舰炮，该炮在此种口径的各型舰炮中性能属于一流。金刚级驱逐舰的 AN/SPY-1D 相控阵雷达、AN/SPG-62 照明雷达皆与"伯克"号相同，采用日本自制的 OQA-201 反潜战斗系统。

▲ 金刚级驱逐舰发射防空导弹

相关链接 >>

　　爱宕级驱逐舰服役之前，金刚级驱逐舰为日本排水量最大的作战舰艇。该级舰在设计上虽与美国伯克级驱逐舰构型基本相同，但舰桥结构更为庞大，并将伯克级驱逐舰的轻质十字桅杆改为传统的重型四角格子桅。

爱宕级驱逐舰（日本）

■ 简要介绍

爱宕级驱逐舰，是在日本金刚级驱逐舰的基础上开发的日本版伯克级重型防空导弹驱逐舰。20世纪90年代末期，日本以朝鲜弹道导弹威胁为借口，提出了海上弹道导弹防御的需求。因此，日本决定在金刚级驱逐舰的基础上，发展一型拥有强大区域防空能力和一定弹道导弹拦截能力的新型宙斯盾驱逐舰。日本防卫厅于2000年12月发布的《新中期防卫力量整备计划》正式批准建造2艘新型宙斯盾驱逐舰，以美国海军伯克级驱逐舰"平克尼"号（DDG-91）为蓝本。

爱宕级两舰均由三菱重工长崎造船厂建造，每艘建造费用约13亿美元。舰名均沿用二战时期日本海军重巡洋舰的舰名。首舰"爱宕"号于2004年4月5日开工，2005年8月24日下水，2007年3月15日服役，编入针对日本海的舞鹤第三护卫队群。2号舰"足柄"号于2005年4月6日开工，2006年8月30日下水，2008年3月13日服役，配属在针对东海、黄海的日本佐世保基地的海上自卫队第二护卫队群。

基本参数	
舰长	165米
舰宽	21米
吃水	6.2米
排水量	7700吨（标准） 10050吨（满载）
航速	30节
续航力	7000海里 / 19节
舰员编制	310人
动力系统	4台LM2500燃气轮机

■ 性能特点

爱宕级驱逐舰舰身和上层建筑全部采用高碳镍铬钼钢。全舰装设了"三防"过滤通风系统，遭到核生化武器袭击时，舰内增压系统将启动，使舱内气压高于外界并与外界空气完全隔绝。该级舰的武器装备为美制MK-41型导弹和90式反舰导弹（SSM-1B），直接引进了美国"宙斯盾"作战系统的综合反潜作战系统。

相关链接 >>

　　爱宕级驱逐舰在金刚级驱逐舰的基础上将舰体拉长 4 米，增加了附有机库的尾楼结构，成为日本海上自卫队第一种具备完整直升机驻舰操作能力的防空驱逐舰。

▲ 爱宕级驱逐舰

出云级直升机驱逐舰（日本）

■ 简要介绍

出云级是日本海上自卫队建造的直升机驱逐舰，是日向级直升机驱逐舰的放大改良版。继 2 艘日向级直升机驱逐舰之后，日本防卫省在"2001—2005 年防卫计划"中提出了日本海上自卫队未来新型"直升机驱逐舰"（DDH）想象图，以取代 2 艘白根级直升机驱逐舰。2009 年 8 月 31 日，日本防卫省完成 2010 年防卫预算的编列，其中包括建造 1 艘 22DDH。2011 年 10 月初，日本防卫省在 2012 年的防卫预算中编列 1 艘 24DDH。

出云级直升机驱逐舰首舰于 2012 年 1 月 27 日在石川岛播磨重工海事公司东京厂安放龙骨，2013 年 8 月 6 日下水，以日本古国名命名为"出云"号（DDH–183）；它于 2015 年 3 月 25 日服役并举行交舰成军仪式，成为第一护卫群新旗舰。2 号舰"加贺"号于 2013 年 10 月 7 日开工，2015 年 8 月 27 日下水，2017 年 3 月 22 日服役。2020 年后，日本海上自卫队开始针对出云级直升机驱逐舰进行大规模改装，使其正式升级为航空母舰，同时获得搭载及维修 F–35B 型舰载战斗机的能力，上述改装计划预计于 2025 年全部完成。

基本参数

基本参数	
舰长	248米
舰宽	38米
吃水	7.5米
排水量	19500吨（标准） 26000吨（满载）
航速	30节
舰员编制	470人
动力系统	COGAG 4台通用电气LM–2500燃气轮机

■ 性能特点

出云级直升机驱逐舰拥有完善的指挥设施，包括"海幕"卫星数据传输（指挥）系统以及多种与日本海上自卫队、美军兼容的数字数据传输和通信系统。该级舰的自卫防空武器为 2 套"海拉姆"短程防空导弹系统，以及 2 套密集阵近防系统。此外，出云级直升机驱逐舰可容纳 14 架直升机，可容纳陆上自卫队 3.5 吨级卡车 50 辆。

▲ 出云级直升机驱逐舰

相关链接 >>

　　出云级直升机驱逐舰除了本舰的战情中心（CIC）之外，还有旗舰司令部作战中心（FIC）。在2014年度，日本又编列预算，进一步修改、完善"出云"号的电子会议室的指管通情设施，将其作为2014年新组建的"水陆机动团"（两栖作战兵力）的指挥中枢，增强登陆作战的能力。

摩耶级驱逐舰（日本）

■ 简要介绍

摩耶级驱逐舰是在爱宕级驱逐舰的基础上开发的新型宙斯盾重型防空导弹驱逐舰，也是日本版的阿利·伯克级驱逐舰 Flight Ⅲ 构型。爱宕级驱逐舰总共只建造了 2 艘，加上金刚级驱逐舰也仅 6 艘，宙斯盾驱逐舰的不足造成了缺位。为此，日本早在 2015 年就声称将建造 2 艘新型的宙斯盾舰。

摩耶级驱逐舰的首舰于 2017 年在日本造船联合公司旗下的矶子造船厂开工。2018 年 7 月 30 日，日本防卫省为该舰举行了简短的下水仪式，将该舰命名为"摩耶"号，同时宣布了本级舰将被称为摩耶级。"摩耶"号完工前，2 号舰"羽黑"号也于 2018 年开工，2019 年下水，2021 年完工。

基本参数	
舰长	170米
舰宽	21米
吃水	6.2米
排水量	8200吨（标准） 10250吨（满载）
航速	30节
舰员编制	300人
动力系统	2台燃气轮机 2台电动机

■ 性能特点

摩耶级驱逐舰安装了新型的"宙斯盾"SPY-1D(V) 相控阵雷达，搭配"宙斯盾"作战系统 9.1 版本，配置了 96 单元 MK-41 垂直发射系统，1 台 MK-45 Mod 4 型 127 毫米舰炮，前后还各布置 1 套近防密集阵系统；另外有 2 套 MK-32 Mod 9 鱼雷发射管以及 2 套四联装反舰导弹发射系统。防空导弹使用"标准"Ⅱ型、"标准"Ⅲ型导弹，其射程更远，拦截效率更高。

相关链接 >>

在开发摩耶级舰时，日本预计为其部署正在试验的新型超音速反舰导弹。这是战斗机携带的 XASM-3 型超音速空对舰导弹的舰载型，是日本准备用来对付航母级别水面舰艇而专门研制的超音速反舰导弹，巡航速度可达到 3 倍音速，射程 200 千米，配备组合式的主动和被动雷达导引头和 GPS 制导系统。

▲ 摩耶级驱逐舰

KDX-2型忠武公李舜臣级驱逐舰（韩国）

■ 简要介绍

KDX-2型忠武公李舜臣级驱逐舰，是韩国海军为构建21世纪初新一代韩国海军的主力阵容而进行的"韩国驱逐舰实验计划"（KDX）中的第二阶段研制的多用途导弹驱逐舰。从20世纪80年代中期开始，韩国凭借本国发达的造船工业和较强的电子产业，提出了自行设计和建造新一代驱逐舰的计划，被称为"韩国驱逐舰实验计划"，旨在提升本国的军工装备研制能力，缩小与日本水面舰艇的技术差距。该级舰原计划建造3艘，后来增至6艘。KDX-2型驱逐舰的基本设计由韩国现代重工集团负责，合约于1996年签订，而建造工作由现代重工与大宇重工分担。

6艘KDX-2型驱逐舰的建造由大宇重工玉浦厂和现代重工蔚山厂两厂以交替轮流的方式各造3艘。首舰"忠武公李舜臣"号于2002年5月22日下水，2003年12月2日服役。6号舰"崔莹"号于2006年10月20日下水，2008年9月4日服役。本级舰一直作为韩国海军机动部队主力活跃着。

基本参数

舰长	154.4米
舰宽	16.9米
吃水	4.3米
排水量	4800吨（标准） 5500吨（满载）
航速	30节
续航力	4000海里/18节
舰员编制	195人
动力系统	CODOG 2台LM-2500燃气轮机 2台MTU 20V956-TB92柴油机

■ 性能特点

KDX-2型驱逐舰是韩国第一种引进隐身技术的舰艇，充分降低RCS与红外线信号强度。该级舰采用美制AN/SPS-49和荷兰信号MW-08搜索雷达结合56单元垂直发射系统，可发射RIM-66防空导弹、"海麻雀"ESSM导弹、反潜导弹以及巡航导弹；还装备了"拉姆"近防导弹、"守门员"近防机炮、324毫米MK-32 Mod5鱼雷等武器。

相关链接 >>

　　KDX-2 型驱逐舰延续了以韩国历史上君王、名将命名的规则，首舰"忠武公李舜臣"号冠以 16 世纪朝鲜名将的名字。2号舰"文武大王"号则是纪念 7 世纪新罗王朝的一位国王。

▲ KDX-2 型忠武公李舜臣级驱逐舰

KDX-3 型世宗大王级驱逐舰（韩国）

■ 简要介绍

KDX-3 型世宗大王级驱逐舰，是韩国海军实施的"韩国驱逐舰实验计划"（KDX）的第三阶段（也是最终阶段）制造的多用途导弹驱逐舰。到了 21 世纪初，韩国已经完成了 KDX-1 型广开土大王级和 KDX-2 型忠武公李舜臣级两型驱逐舰的研制和装备。由于朝鲜于 20 世纪 90 年代末期起强化了弹道导弹的部署，21 世纪初期多次进行弹道导弹试射，韩国决定提高自身的弹道导弹防御能力，开始计划配备"宙斯盾"系统的防空驱逐舰——KDX-3 型世宗大王级导弹驱逐舰。该计划在 2001 年正式启动，建造工作由大宇重工、现代重工、韩进重工等韩国知名厂商角逐。现代重工在 2003 年便完成 KDX-3 型驱逐舰的构型设计，并在 2004 年 8 月 12 日正式夺标。韩国海军规划建造 3 艘，第 1 艘与第 3 艘由现代重工承造，2 号舰由大宇重工承造；系统整合工作由韩国与欧洲合资的泰雷兹 - 三星公司负责。

首舰"世宗大王"号于 2007 年 5 月 25 日下水，2008 年 12 月 22 日服役。2 号舰"栗谷李珥"号于 2008 年 11 月 14 日下水，2010 年 8 月 31 日服役。3 号舰"西崖柳成龙"号于 2011 年 3 月 24 日下水，2012 年 8 月 30 日服役。

基本参数	
舰长	165.9米
舰宽	21.4米
吃水	6.25米
排水量	8500吨（标准） 11000吨（满载）
航速	大于30节
续航力	5500海里 / 20节
舰员编制	400人
动力系统	燃气联合动力方式(COGAG) 4台通用 LM2500 燃气轮机 3台劳斯莱斯AG9140RF燃气轮机

■ 性能特点

KDX-3 型驱逐舰装备了 80 单元 MK-41 垂发系统和 48 单元韩国自研的导弹发射装置，搭载有 16 发反舰导弹和 21 发"拉姆"近防系统；防空导弹采用半主动制导的"标准"Ⅱ型。舰上装备有四面 SPY-1D(Y) 相控阵雷达，采用了基线 7.1 版本的"宙斯盾"作战系统，配备 128 个垂发单元以及 16 枚倾斜发射的反舰导弹，水下为 MSI-2005F 反潜战斗系统。

相关链接 >>

KDX-3 型驱逐舰的舰体为美国海军伯克级驱逐舰的改进型，是大型导弹驱逐舰，采用"宙斯盾"系统。KDX-3 型驱逐舰与美国海军伯克级驱逐舰相比，由于不需要大量建造，不用严格控制成本，因此在设计上允许有更大的舰体与更多的装备。

▲ KDX-3 型世宗大王级驱逐舰

图书在版编目（CIP）数据

海战顶级武器 / 陈泽安编著 . -- 北京 : 海豚出版
社 , 2025. 1. -- ISBN 978-7-5110-6979-5

Ⅰ. E925-49

中国国家版本馆 CIP 数据核字第 2024WL4038 号

出 版 人：王　磊

责任编辑：刘　韬
责任印制：于浩杰　蔡　丽
法律顾问：中咨律师事务所　殷斌律师
出　　版：海豚出版社
地　　址：北京市西城区百万庄大街 24 号
邮　　编：100037
电　　话：010-68325006（销售）　010-68996147（总编室）
传　　真：010-68996147
印　　刷：河北松源印刷有限公司
经　　销：全国新华书店及各大网络书店
开　　本：1/16（710mm×1000mm）
印　　张：13.5
字　　数：200 千
印　　数：10000
版　　次：2025 年 1 月第 1 版　2025 年 1 月第 1 次印刷
标准书号：ISBN 978-7-5110-6979-5
定　　价：99.00 元